25

REIHE AUTOMATISIERUNGSTECHNIK

Herausgegeben von B. Wagner und G. Schwarze

Einführung in die Schaltalgebra

Dieter Bär

3. Auflage

VEB VERLAG TECHNIK BERLIN

Additional material to this book can be downloaded from http://extras.springer.com

ISBN 978-3-322-97905-6   ISBN 978-3-322-98436-4 (eBook)
DOI 10.1007/978-3-322-98436-4

Lektor: *Jürgen Reichenbach*
Bestellnummer: 7/3/4059
DK 621.382.064-501.7
ES 20 K 2

Einbandgestaltung: *Kurt Beckert*

Eingetragene Schutzmarke des Warenzeichenverbandes Regelungstechnik e. V. Berlin

Inhaltsverzeichnis

Einleitung

Die Schaltalgebra gehört zu den wichtigsten theoretischen Hilfsmitteln
zur Berechnung automatischer Steuerungs-, Regelungs- und Rechenanlagen, soweit diese auf der Verarbeitung zweiwertiger (binärer) Signale
beruhen. Sieht man von der speziellen Aufgabenstellung dieser Anlagen
ab, so lassen sie sich ganz allgemein als *Übertragungsglieder* auffassen, die
binäre Eingangssignale zu binären Ausgangssignalen verarbeiten. Dabei
hängen die Signalwerte der Ausgangssignale von denen der Eingangssignale ab. Der Schaltalgebra fällt bei dieser Betrachtungsweise in erster
Linie die Aufgabe zu, den funktionellen Zusammenhang zwischen Werten
der Ausgangssignale und denen der Eingangssignale mathematisch zu formulieren. Als wesentlichste Hilfsmittel bieten sich hierzu Funktionen an,
deren unabhängige Veränderliche ebenso wie die Funktionen selbst nur
zwei Werte annehmen können.

Derartige zweiwertige Funktionen von zweiwertigen Veränderlichen spie-
len in der mathematischen Aussagenlogik eine bedeutsame Rolle. Die
logischen Verknüpfungen von Aussagen entsprechen wegen der zugrunde
gelegten Zweiwertigkeit dieser Aussagen (entweder ,,Wahr'' oder ,,Falsch'')
denen binärer Signale weitgehend. Hinzu kommt, daß die den wichtigsten
logischen Verknüpfungsmöglichkeiten entsprechenden Signalverknüp-
fungen sich technisch in Form binärer Elementarglieder bequem realisieren lassen. Diese offensichtlichen Analogien ermöglichen die Anwendung
der Ergebnisse der mathematischen Aussagenlogik zur Analyse und Synthese von binären Schaltsystemen als technische Einrichtungen zur Ver-
knüpfung binärer Signale. In diesem Sinne kann die Schaltalgebra als eine
speziell auf die Probleme der binären Signalverbreitung zugeschnittene
Interpretation von Ergebnissen der mathematischen Aussagenlogik aufgefaßt werden.

Eine einführende Darstellung der Schaltalgebra hat dementsprechend die
benötigten Ergebnisse der mathematischen Aussagenlogik zu erarbeiten
und diese durch entsprechende Interpretation für die Analyse und Synthese
binärer Schaltsysteme nutzbar zu machen. Dem vorliegenden Band liegt
das Bemühen zugrunde, diese beiden Teilaufgaben nicht *nacheinander*,
sondern *nebeneinander* zu lösen. Dieses Vorgehen besitzt wesentliche Vorteile. Die Schaltalgebra wird nicht durch einen Umweg über die Aussagenlogik gewonnen, sondern kann direkt und unter weitgehender Verwendung ihr angepaßter Begriffsbildungen von der eigentlichen Problemstellung her entwickelt werden. Dies läßt ihre technische Interpretation
wesentlich deutlicher in Erscheinung treten. Der Leser wird von Anfang
an daran gewöhnt, die Schaltfunktionen als wichtigste Hilfsmittel der
Schaltalgebra im Zusammenhang mit den zugehörigen technischen Schaltsystemen zu betrachten. Weiter kann bei diesem Vorgehen die Systematik
der Behandlung der schaltalgebraischen Grundgesetze von der technischen Problemstellung her motiviert und gestaltet werden, was für die

Verständlichkeit und Interpretierbarkeit sicher förderlich ist. Schließlich ist auf diese Weise die Möglichkeit gegeben, die Grundbegriffe der Schaltalgebra weitgehend unter den technischen Gesichtspunkten zu definieren und sie im Sinne der erforderlichen Interpretation zu benennen.

1. Die Zielstellung der Schaltalgebra

Um den Gegenstand der Schaltalgebra genauer präzisiere zu können, sind die Begriffe „binäres Signal" und „binäres Schaltsystem" erforderlich.

1.1. Binäre Signale

Ein wesentliches Kennzeichen automatischer Steuerungs-, Regelungs- und Rechenanlagen besteht darin, daß zu ihrer Realisierung *Signale* gebildet, verarbeitet, übertragen und ausgewertet werden. Diese Signale können dabei die verschiedensten Erscheinungsformen aufweisen. Dennoch gibt es eine Reihe von Besonderheiten, die für alle diese Signale typisch sind:

a) Alle Signale treten als physikalische Größen in Erscheinung, deren Werte sich in Abhängigkeit von der Zeit ändern (z. B. elektrische Spannungssignale, elektrische Stromstärkesignale, pneumatische oder hydraulische Drucksignale). Man bezeichnet die jeweilige physikalische Größe als den *Signalträger*.

b) Alle Signale enthalten *Informationen* entweder über Werteverläufe bzw. Wertezusammenhänge bestimmter Zustandsgrößen in technischen Prozessen (*signalisierte Größen*) oder über *Befehle*, deren Realisierung durch das jeweilige Signal erreicht werden soll.

c) Die im Signal enthaltene Information wird häufig der Amplitude des Signalträgers aufgeprägt. Sie kann aber auch von anderen Parametern (z. B. von der Frequenz eines sinusförmig schwankenden Signalträgers, von der Impulslänge (PLM), Impulsphase (PPM) oder Impulsfrequenz (PFM) eines impulsförmig schwankenden Signalträgers) abgebildet werden. Allgemein nennt man denjenigen Parameter eines Signals, auf den die Information abgebildet wird, den *Informationsparameter*.

Je nachdem, welche Werte der Informationsparameter eines Signals prinzipiell annehmen kann, unterscheidet man zwischen *analogen* und *diskreten* Signalen. Bei analogen Signalen kann der Informationsparameter zwischen zwei gerätetechnisch bedingten Grenzen *beliebige* Werte annehmen. Bei diskreten Signalen kann dagegen der Informationsparameter nur *endlich viele* Werte annehmen.
Als besonders einfach erweisen sich solche diskreten Signale, bei denen der Informationsparameter nur *zweier* verschiedener Werte fähig ist. Derartige Signale werden als *binäre Signale* bezeichnet. Binäre Signale lassen sich technisch besonders bequem durch Schaltvorgänge realisieren. Dies soll an zwei Beispielen für elektrische binäre Signale verdeutlicht werden.

1. Beispiel:
Durch Betätigung des Kontaktes K kann erreicht werden (Bild 1a), daß die Leitfähigkeit zwischen den Punkten A und B der Schaltung entweder

den Wert 0 (bei geöffnetem Kontakt) oder den Wert $1/R$ (bei geschlossenem Kontakt) annimmt. Andere Werte für die Leitfähigkeit zwischen den Punkten A und B sind bei festem Widerstand R prinzipiell nicht mög-

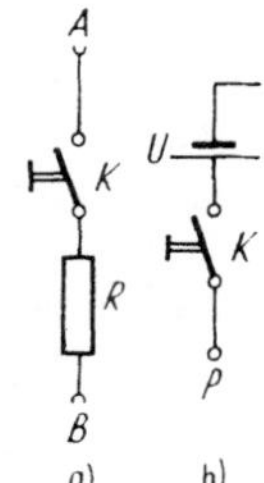

Bild 1. Erzeugung eines binären Leitwertsignals zwischen den Punkten A und B mit Hilfe eines Kontaktes K und eines ohmschen Widerstandes R

lich. Wird die Amplitude dieses elektrischen Leitfähigkeitssignals als Informationsparameter verwendet, so handelt es sich um ein binäres Signal.

2. Beispiel:

Durch Betätigung des Kontaktes K kann erreicht werden (Bild 1b), daß das elektrische Potential des Punktes P der Schaltung entweder den Wert 0 (bei geöffnetem Kontakt) oder den Wert $U > 0$ (bei geschlossenem Kontakt) besitzt. Wird die Amplitude dieses elektrischen Spannungssignals als Informationsparameter gewählt, so handelt es sich um ein binäres Signal.

Die beiden Beispiele enthalten noch zwei Einschränkungen, denen ein binäres Signal nicht unbedingt genügen muß. Es ist keineswegs erforderlich, daß einer der beiden möglichen Werte des Informationsparameters (im folgenden kurz: *Signalwerte*) stets den Wert 0 hat. Es kommt lediglich darauf an, daß die beiden möglichen Signalwerte (auch bei eventueller Störüberlagerung) einwandfrei voneinander unterschieden werden können· Daher ist es auch nicht erforderlich, für die beiden Signalwerte genau fixierte Werte des Informationsparameters vorzusehen. Um das Signal auch durch entsprechende Bauglieder belasten zu können, gibt man daher für beide Signalwerte *Toleranzbereiche* an, innerhalb derer nicht unterschieden zu werden braucht. Dieser Sachverhalt ist im Bild 2 dargestellt·

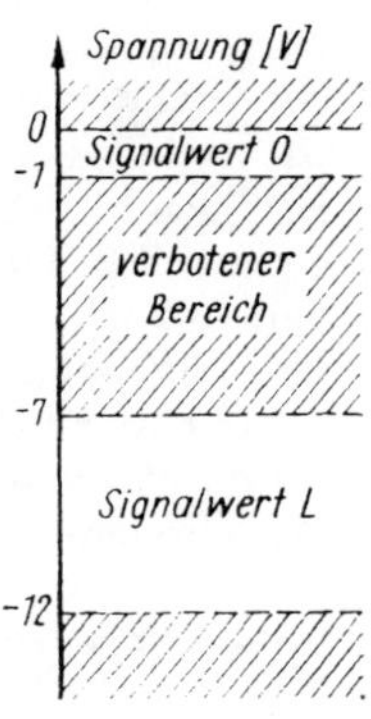

Bild 2. Zuordnung von Spannungsbereichen zu den Signalwerten O und L eines binären Spannungssignals

Darin sind Toleranzbereiche für die beiden Signalwerte sowie für den verbotenen Bereich eines binären Spannungssignals dargestellt. Der Bereich 0 V ... —1 V entspricht dem ersten Signalwert, während der Bereich —7 V ... —12 V dem zweiten Signalwert entspricht. Der Restbereich enthält alle „verbotenen" Signalamplituden.

Im folgenden sollen die beiden Signalwerte eines binären Signals unabhängig von ihrer speziellen Festlegung mit den Kennzeichnungen „O" bzw. „L" versehen werden. Im Bild 2 ist die Zuordnung der Amplitudenbereiche zu den Signalwerten O und L, die im übrigen beliebig vereinbart werden kann, folgendermaßen gewählt worden:

$$0 \text{ V} \ldots -1 \text{ V} \quad : \quad \text{Signalwert O}$$

$$-7 \text{ V} \ldots -12 \text{ V} \quad : \quad \text{Signalwert L}$$

Wegen dieser Kennzeichnung der Signalwerte werden binäre Signale häufig auch als O/L-*Signale* bezeichnet.

Zur Kennzeichnung binärer Signale werden im folgenden *Signalvariable* verwendet. Diese Signalvariablen (z. B. x) sind als Variable für die beiden Werte eines binären Signals aufzufassen. Sie entsprechen völlig den überall in der Mathematik üblichen Variablen. Zu beachten ist nur, daß die binären Signalvariablen natürlich prinzipiell nur zwei Werte (nämlich O und L) annehmen können.

1.2. Binäre Schaltsysteme und deren Realisierungsmöglichkeiten

Unter *binären Schaltsystemen* sollen technische Einrichtungen verstanden werden, die binäre Eingangssignale zu binären Ausgangssignalen verarbeiten. Binäre Schaltsysteme werden technisch dadurch realisiert, daß man sie aus binären *Elementargliedern* aufbaut. Es wird sich zeigen, daß zur Realisierung komplizierter binärer Schaltsysteme ein sehr kleines, übersichtliches Sortiment an binären Elementargliedern ausreicht. Damit wird der Entwurf binärer Schaltsysteme auf den Entwurf von Netzwerken[1]) aus einem vorgegebenen Sortiment binärer Elementarglieder zurückgeführt.

Dieses Sortiment hängt natürlich von der speziellen Technik ab, in der die Schaltsysteme realisiert werden sollen. Für die Verarbeitung elektrischer binärer Signale haben *kontaktbehaftete* Elementarglieder (Relais, handbetätigte Schalter), *elektronische* Elementarglieder (Dioden und Transistoren als Schalter) und Elementarglieder auf *Magnetkernbasis* technische Bedeutung erlangt. Darüber hinaus sind auch *pneumatische* Elementarglieder zur Verarbeitung pneumatischer binärer Signale entwickelt worden [9].

Die folgenden Betrachtungen werden auf solche Schaltsysteme bezogen, die entweder Relaiskontaktschaltungen oder Transistor- bzw. ˙˙odenbausteine als wesentlichste binäre Elementarglieder besitzen. Die an diesen Modellfällen entwickelte Schaltalgebra wird sich als so universell erweisen,

---

[1]) Unter einem Netzwerk binärer Elementarglieder soll im folgenden eine beliebige Zusammenschaltung von Elementargliedern zu komplizierteren binären Übertragungsgliedern verstanden werden.

daß der Leser ohne Schwierigkeiten in der Lage sein wird, sie ebenfalls zur Berechnung von Schaltsystemen auf pneumatischer Basis oder auf Magnetkernbasis anzuwenden.

1.2.1. *Elektromechanische binäre Schaltsysteme als Reihen-Parallel-Schaltungen von Relaiskontakten*

1.2.1.1. Die Verarbeitung binärer Signale durch Relais

Die wichtigste gerätetechnische Grundlage für elektromechanische Schaltsysteme stellt das Relais dar.

Das *Eingangssignal* eines Relais ist ein elektrisches Stromstärkesignal. Signalträger ist der durch die Relaisspule fließende elektrische Strom, dessen Amplitude I im folgenden als Informationsparameter angesehen werden soll. Für die Eingangssignale eines Relais sollen im folgenden nur binäre Signale in Frage kommen. Die beiden Signalwerte seien durch $I = 0$ bzw. $I = I_0 > 0$ gegeben. I_0 muß natürlich so gewählt werden, daß dabei das Relais anzieht. Es soll folgende Zuordnung getroffen werden:

$$I = 0 \qquad : \text{Signalwert O}$$

$$I = I_0 > 0 : \text{Signalwert L}$$

Die Zahl der *Ausgangssignale* eines Relais ist durch die Anzahl der von seiner Spule betätigten Kontakte gegeben. Jedes dieser Ausgangssignale kann als elektrisches Leitfähigkeitssignal aufgefaßt werden. Signalträger, der zugleich als Informationsparameter dienen soll, ist die elektrische Leitfähigkeit zwischen den Kontaktanschlüssen. Alle diese Ausgangssignale sind binär, denn die Leitfähigkeit kann nur die Signalwerte O (Leitfähigkeit 0) oder L (Leitfähigkeit unendlich groß) annehmen.

Im folgenden sei ein Relais mit dem Eingangssignal x betrachtet. Die ausgangsseitigen Kontakte können entweder *Schließerkontakte*[1]) (kurz: Schließer) oder *Öffnerkontakte*[2]) (kurz: Öffner) sein. Alle Schließerkontakte stellen für $x = L$ (Relais zieht an!) leitende Verbindung zwischen den Kontaktanschlüssen her (Ausgangssignalwert L). Für $x = O$ (Relais fällt ab!) sind alle Schließerkontakte (Ausgangssignalwert O) unterbrochen. Daher kann für alle an Schließerkontakten anfallenden Ausgangssignale dieses Relais eine gemeinsame Signalvariable eingeführt werden. Diese kann überdies mit der Eingangssignalvariablen x des Relais identifiziert werden, denn beim Schließerkontakt stimmt das Ausgangssignal mit dem Eingangssignal des Relais überein (vgl. oben).

Alle Öffnerkontakte sind für $x = L$ geöffnet (Ausgangssignalwert O) und für $x = O$ geschlossen (Ausgangssignalwert L). Alle an Öffnerkontakten anfallenden Ausgangssignale können also ebenfalls durch eine gemeinsame Signalvariable gekennzeichnet werden. Es ist üblich, hierfür die Kennzeichnung $\bar{x}$ zu verwenden. Bild 3 zeigt symbolisch ein Relais mit dem binären Eingangssignal x und den an drei Schließern bzw. zwei Öffnern anfallenden Ausgangssignalen x bzw. $\bar{x}$. Die Signalverarbeitung, die von einem derartigen Relais ausgeführt wird, ist in Tafel 1 dargestellt.

---

[1]) Schließerkontakte werden häufig auch als Arbeitskontakte bezeichnet.
[2]) Öffnerkontakte werden häufig auch als Ruhekontakte bezeichnet.

Bei konsequenter Beibehaltung der soeben eingeführten Kennzeichnungs-
prinzipien für die Eingangs- und Ausgangssignalvariablen eines Relais
kann die im Bild 3 angegebene Symbolik wesentlich vereinfacht werden.
Die Relaisspule und der zeichentechnische Hinweis auf die Zugehörigkeit

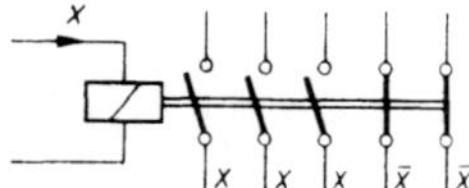
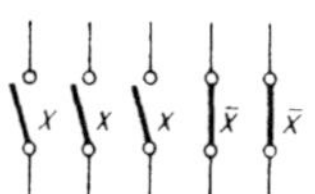

Bild 3. Symbol eines Relais mit
drei Schließerkontakten
und zwei Öffnerkontakten

*Bild 4. Vereinfachtes Symbol eines Relais
mit drei Schließerkontakten
und zwei Öffnerkontakten (vgl. Bild 3)*

x	0	L
$\bar{x}$	L	0

*Tafel 1. Binäre Signalverarbeitung eines Relais mit Schließerkontakten
und Öffnerkontakten*

der Kontakte zu dieser Relaisspule können ohne Informationsverlust ent-
fallen. Das vereinfachte Symbol des im Bild 3 dargestellten Relais zeigt
Bild 4.

1.2.1.2. Die sechs elektromechanischen binären Elementarglieder

In diesem Abschnitt sollen die zum Aufbau elektromechanischer Schaltsysteme erforderlichen sechs elektromechanischen Elementarglieder zusammengestellt werden.
Öffner- und Schließerkontakte stellen die wichtigsten elektromechanischen
Elementarglieder dar. Das dritte elektromechanische Elementarglied ist
die *Reihenschaltung zweier Schließer.* Sie ist im Bild 5 dargestellt. Man

*Bild 5. Reihenschaltung zweier Schließerkontakte (elektromechanisches
UND-Glied)*

hat hierbei die den beiden Schließern zugeordneten binären Signale x_1
und x_2 als Eingangssignale der Schaltung aufzufassen. Das Ausgangssignal
y soll durch das (natürlich ebenfalls binäre) Leitwertsignal zwischen den

x_1	0	L	0	L
x_2	0	0	L	L
y	0	0	0	L

*Tafel 2. Signalverarbeitung bei der Reihenschaltung zweier Schließer-
kontakte (elektromechanisches UND-Glied)*

Punkten A und B der Schaltung gegeben sein. Die Abhängigkeit des
Ausgangssignals y von den beiden Eingangssignalen x_1 und x_2 ist in Tafel 2
dargestellt.
Wie aus Tafel 2 ersichtlich ist, nimmt das Ausgangssignal y genau dann
den Wert L an, wenn x_1 *und* x_2 den Wert L besitzen. Dies ist durch Bild 5

auch unmittelbar plausibel, denn die Reihenschaltung zweier Schließerkontakte liefert ja genau dann eine leitende Verbindung, wenn *beide* Kontakte geschlossen sind. Wegen dieses Zusammenhangs zwischen den Eingangssignalen und dem Ausgangssignal wird die Reihenschaltung zweier Schließer auch als elektromechanisches UND-Glied bezeichnet.

Ein weiteres elektromechanisches Elementarglied stellt die im Bild 6 gezeigte *Parallelschaltung zweier Schließer* dar. Wieder stellen die den beiden

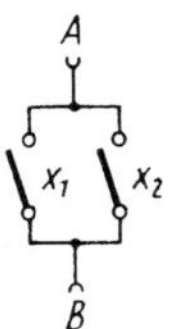

Bild 6. Parallelschaltung zweier Schließerkontakte (elektromechanisches ODER-Glied)

Schließerkontakten zugeordneten Signale x_1 und x_2 die Eingangssignale und das Leitwertsignal y zwischen den Punkten A und B der Schaltung (Bild 6) das Ausgangssignal dar. Tafel 3 zeigt die Abhängigkeit des Aus-

Tafel 3. Signalverarbeitung bei der Parallelschaltung zweier Schließerkontakte (elektromechanisches ODER-Glied)

x_1	0	L	0	L
x_2	0	0	L	L
y	0	L	L	L

gangssignals y von den beiden Eingangssignalen x_1 und x_2. Das Ausgangssignal y nimmt den Wert L an, wenn x_1 *oder* x_2 den Wert L besitzt. Das Wort „oder" im vorigen Satz ist im einschließenden Sinne gemeint, d. h., es ist $y = $ L, wenn $x_1 = $ L oder $x_2 = $ L oder $x_1 = x_2 = $ L. Dieser Gebrauch des Wortes „oder" darf nicht mit dem ausschließenden „entweder ... oder" verwechselt werden.

Wegen der in Tafel 3 dargestellten Abhängigkeit des Ausgangssignals von den Eingangssignalen wird die Parallelschaltung zweier Schließerkontakte auch als elektromechanisches ODER-Glied bezeichnet.

Bild 7
a) ständig leitende Verbindung zwischen den Punkten A und B,
b) ständige Unterbrechung zwischen den Punkten A und B

Die beiden letzten elektromechanischen Elementarglieder sind die *ständig leitende Verbindung* und die *ständige Unterbrechung* zwischen jeweils zwei Punkten A und B. Die entsprechenden Symbole sind im Bild 7a bzw. b dargestellt.

Somit haben sich zum Aufbau elektromechanischer Schaltsysteme die in Tafel 4 zusammengestellten sechs binären Elementarglieder ergeben.

11

Tafel 4. Die sechs elektromechanischen Elementarglieder

Elementarglied	Symbol	Bemerkung	Schaltbelegungstabelle
Folgeglied	—o∕o— x	Schließerkontakt	
NICHT – Glied	—o—o— $\bar{x}$	Öffnerkontakt	$\begin{array}{c\|c\|c} x & 0 & L \\ \bar{x} & L & 0 \end{array}$
UND – Glied	o∕o—o∕o— x_1 x_2	Reihenschaltung zweier Schließerkontakte	$\begin{array}{c\|c\|c\|c\|c} x_1 & 0 & L & 0 & L \\ x_2 & 0 & 0 & L & L \\ y & 0 & 0 & 0 & L \end{array}$
ODER – Glied	x_1 / x_2 (Parallel)	Parallelschaltung zweier Schließerkontakte	$\begin{array}{c\|c\|c\|c\|c} x_1 & 0 & L & 0 & L \\ x_2 & 0 & 0 & L & L \\ y & 0 & L & L & L \end{array}$
ständige leitende Verbindung	—— L ——		
ständige Unterbrechung	—o 0 o—		

1.2.1.3. Reihen-Parallel-Schaltungen von Relaiskontakten

Aus den sechs elektromechanischen Elementargliedern können nun die verschiedensten elektromechanischen Schaltsysteme aufgebaut werden. Es ist jedoch zweckmäßig, die Vielfalt dieser möglichen Netzwerke von vornherein einzuschränken. Im folgenden werden als *zulässige* elektromechanische Schaltsysteme nur die sog. *Reihen-Parallel-Schaltungen* von Relaiskontakten betrachtet. Es wird sich später herausstellen, daß alle (speicherfreien) Schaltsysteme durch diese Reihen-Parallel-Schaltungen realisiert werden können.

Reihen-Parallel-Schaltungen von Relaiskontakten werden folgendermaßen (induktiv!) definiert:

1. Die sechs elektromechanischen Elementarglieder (Tafel 4) sind Reihen-Parallel-Schaltungen.

2. Sind zwei Reihen-Parallel-Schaltungen gegeben, so stellt

    a) die Reihenschaltung dieser beiden und

    b) die Parallelschaltung dieser beiden

    wieder eine Reihen-Parallel-Schaltung dar.

3. Reihen-Parallel-Schaltungen können *nur* auf den unter Punkt 1 und Punkt 2 angegebenen Wegen entstehen.

Einige Beispiele sollen diese Definition erläutern.

1. Beispiel:

Das im Bild 8 dargestellte Netzwerk von Relaiskontakten ist eine Reihen-Parallel-Schaltung, denn sowohl der Schließer- als auch der Öffnerkontakt

Bild 8. 1. Beispiel einer Reihen-Parallel-Schaltung von Relaiskontakten

sind als Elementarglieder natürlich Reihen-Parallel-Schaltungen. Die im Bild 8 gezeigte Schaltung entsteht aber offenbar durch Reihenschaltung dieser beiden.

2. Beispiel:

Die im Bild 9 dargestellte Schaltung ist eine Reihen-Parallel-Schaltung. Da Öffner und Schließer Elementarglieder sind, ist sowohl die Reihen-

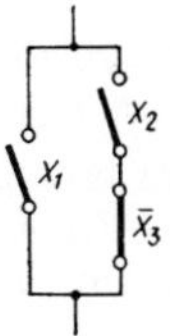

Bild 9. 2. Beispiel einer Reihen-Parallel-Schaltung von Relaiskontakten

schaltung dieser beiden als auch die Parallelschaltung der letzteren mit dem Schließer x_1 eine Reihen-Parallel-Schaltung.

Übungsaufgabe:

Begründen Sie, daß die im Bild 10 gezeigte Schaltung eine Reihen-Parallel-Schaltung ist!

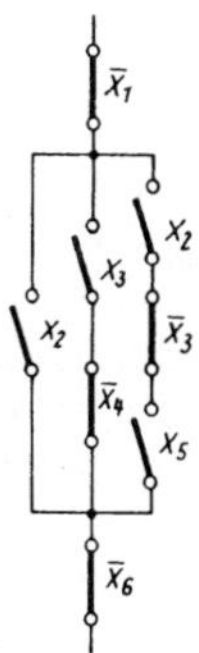

Bild 10. 3. Beispiel einer Reihen-Parallel-Schaltung von Relaiskontakten

Die im Bild 11 gezeigte Schaltung ist *keine* Reihen-Parallel-Schaltung. Der Leser mag sich selbst davon überzeugen (Übungsaufgabe!), daß es keine Möglichkeit gibt, diese Schaltung im Sinne der Definition auf Reihen- bzw. Parallelschaltungen von Elementargliedern zurückzuführen. Der we-

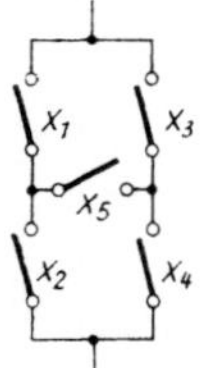

Bild 11. Gegenbeispiel. Netzwerk von Relaiskontakten, das keine Reihen-Parallel-Schaltung darstellt

sentliche Unterschied zu den bisherigen Beispielen liegt darin begründet, daß der Schließer x_5 in einem *Brückenzweig* der Schaltung liegt, was nach Definition der Reihen-Parallel-Schaltung nicht erlaubt ist. Bild 11 ist ein Beispiel für sog. *Brückenschaltungen*. Das Prinzip der Brückenschaltung gestattet es oft, ein elektromechanisches Schaltsystem mit geringerem Aufwand an Kontakten zu realisieren, als das bei Beschränkung auf Reihen-Parallel-Schaltungen möglich ist. Allerdings sind zur Berechnung von Brückenschaltungen wesentlich weitergehende schaltalgebraische Hilfsmittel nötig, als sie in diesem einführenden Band dargestellt werden können.

Um einerseits das Ausgangssignal eines durch Reihen-Parallel-Schaltung von Relaiskontakten gegebenen Schaltsystems deutlicher zu lokalisieren und um es andererseits weiteren elektromechanischen Schaltsystemen als

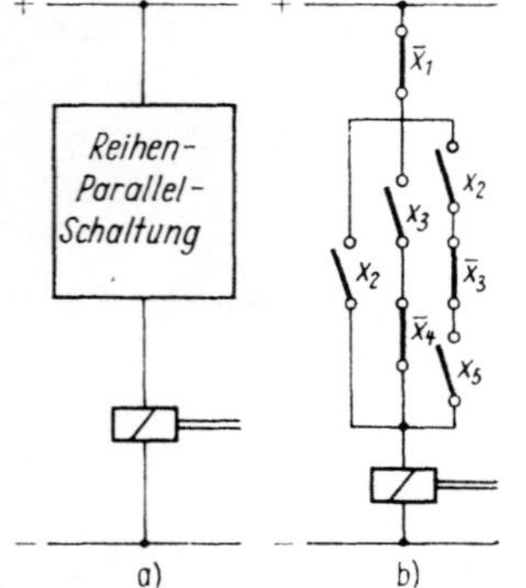

Bild 12

a) allgemeine Symbolik zur Darstellung von elektromechanischen Schaltsystemen,

b) Beispiel

Eingangssignal zuleiten zu können, soll im folgenden in alle Reihen-Parallel-Schaltungen von Relaiskontakten eine *Ausgangsrelaisspule* eingezeichnet werden. Über Art und Anzahl der davon gesteuerten Kontakte braucht im allgemeinen nichts Näheres festgelegt zu werden. Bild 12a und b zeigt das allgemeine Prinzip und ein Beispiel für diese von nun an stets verwendete Darstellungsweise elektromechanischer Schaltsysteme.

1.2.2. Elektronische binäre Schaltsysteme als zulässige Netzwerke elektronischer Elementarglieder

Außer durch Relaiskontakte können binäre Schaltsysteme auch mit Hilfe *elektronischer* Elementarglieder realisiert werden. Das für die Verarbeitung binärer Signale erforderliche Schaltverhalten wird hierbei meist durch die Verwendung von Transistoren als (elektronische) Schalter sowie durch die Ausnutzung der Richtungsabhängigkeit des Durchlaßwiderstandes bei Halbleiterdioden erzeugt.

Es gibt eine große Anzahl von Systemen elektronischer Schaltbausteine zum Aufbau binärer Schaltsysteme. Von den auf dem Markt befindlichen Systemen sei auf die Systeme ursalog, TRANSLOG, SIMATIC N, SIMATIC H und LOGISTAT hingewiesen [RA 38].

Alle diese Systeme unterscheiden sich (abgesehen vom schaltungstechnischen Aufbau der einzelnen Bausteine) im wesentlichen durch die Bereiche für die Signalwerte und durch die elektrotechnischen Nebenbedingungen, die beim Entwurf und Aufbau von Netzwerken beachtet werden müssen. Diese Nebenbedingungen betreffen vor allem die *Belastbarkeit* der einzelnen Bausteine und deren *Grenzfrequenz.*

Die im folgenden zu erarbeitenden sechs elektronischen binären Elementarglieder werden in allen genannten Bausteinsystemen auf Transistor-Dioden-Basis realisiert.

1.2.2.1. Die sechs elektronischen binären Elementarglieder

In elektronischen Schaltsystemen werden elektrische Spannungssignale verarbeitet. Für die folgenden Betrachtungen soll das bereits im Bild 2 dargestellte binäre Signal mit den Signalwerten

$$O : \quad 0\,V \ldots -1\,V$$

$$L : \quad -7\,V \ldots -12\,V$$

zugrunde gelegt werden.

Die sechs elektronischen Elementarglieder entsprechen in ihrer Signalverarbeitung völlig den sechs elektromechanischen Elementargliedern.

Der Schließerkontakt stellte ein Elementarglied dar, dessen Ausgangssignal stets mit dem Eingangssignal übereinstimmt. Dem Schließer x entspricht als elektronisches Elementarglied eine *Signalleitung* zur Weiter-

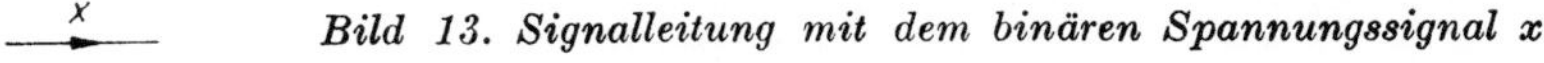

Bild 13. Signalleitung mit dem binären Spannungssignal x

leitung eines durch die Signalvariable x gekennzeichneten binären Signals. Das Symbol dieses Elementargliedes ist im Bild 13 dargestellt. Bild 14 zeigt das Schaltbild und Symbol des zweiten elektronischen Elementargliedes, das im Hinblick auf die Signalverarbeitung dem Öffnerkontakt entspricht. Die Wirkungsweise ist folgende: Liegt am Eingang E der

Signalwert O (0 V ... —1 V) an, so ist der Transistor gesperrt und am Ausgang A entsteht das Potential —12 V (Signalwert L). Liegt umgekehrt der Signalwert L (—7 V ... —12 V) am Eingang E an, so wird der Transistor voll durchgesteuert, und am Ausgang A entsteht ein dem

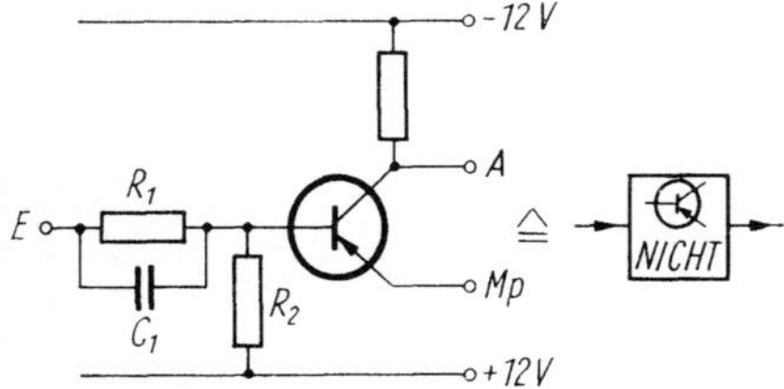

Bild 14. Prinzipschaltbild und Symbol des elektronischen NICHT-Gliedes

Signalwert O zugehöriges geringes negatives Potential. Genau wie beim Öffnerkontakt wird also dafür gesorgt, daß am Ausgang stets der entgegengesetzte Signalwert wie am Eingang entsteht. Wird das Eingangssignal durch die Signalvariable x gekennzeichnet, so soll auch hier das Ausgangs-

x	0	L
$\bar{x}$	L	0

Tafel 5. Signalverarbeitung eines elektronischen NICHT-Gliedes

signal durch $\bar{x}$ gekennzeichnet werden. Tafel 5 zeigt den Zusammenhang zwischen diesen beiden Signalen. Wegen dieser Signalverarbeitung wird das Elementarglied nach Bild 14 als elektronischer *Negator* oder auch als elektronisches NICHT-Glied bezeichnet.

Die Reihenschaltung zweier Schließer (elektromechanisches UND-Glied) hat die Eigenschaft, daß das Ausgangssignal dann und nur dann den Wert

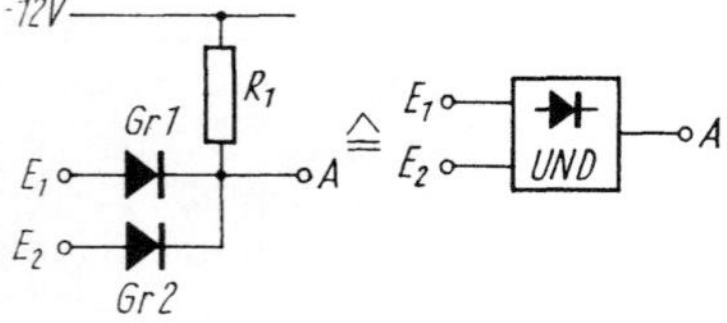

Bild 15. Prinzipschaltbild und Symbol des elektronischen UND-Gliedes

L annimmt, wenn *beide* Eingangssignale den Wert L besitzen. Bild 15 zeigt Schaltbild und Symbol eines elektronischen Elementargliedes, das die gleiche Signalverarbeitung bewirkt. Liegt wenigstens an einem der beiden Eingänge E_1 oder E_2 der Signalwert O an, so ist die entsprechende Diode durchlässig, und am Ausgang A entsteht der Signalwert O. Nur wenn an E_1 und E_2 der Signalwert L liegt, entsteht auch am Ausgang A der Signalwert L. Werden die an E_1, E_2 bzw. A wirksamen binären Signale

Tafel 6. *Signalverarbeitung eines elektronischen UND-Gliedes*

x_1	0	L	0	L
x_2	0	0	L	L
y	0	0	0	L

durch die Signalvariablen x_1, x_2 bzw. y gekennzeichnet, so ergibt sich die in Tafel 6 dargestellte Signalverarbeitung. Wegen dieser Signalverarbeitung wird das Elementarglied nach Bild 14 als elektronisches UND-Glied bezeichnet.

Bei der Parallelschaltung zweier Schließer (elektromechanisches ODER-Glied) nimmt das Ausgangssignal genau dann den Wert L an, wenn das

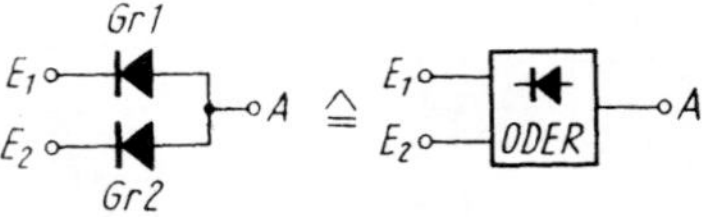

Bild 16. *Prinzipschaltbild und Symbol des elektronischen ODER-Gliedes*

eine oder (im einschließenden Sinne!) das andere Eingangssignal den Wert L besitzt. Schaltbild und Symbol eines elektronischen Elementargliedes mit der gleichen Signalverarbeitung zeigt Bild 16. Sind x_1, x_2 bzw. y die

Tafel 7. *Signalverarbeitung eines elektronischen ODER-Gliedes*

x_1	0	L	0	L
x_2	0	0	L	L
y	0	L	L	L

an E_1, E_2 bzw. A wirksamen Signale, so ergibt sich die in Tafel 7 dargestellte Signalverarbeitung. Das Elementarglied nach Bild 15 wird deshalb als elektronisches ODER-Glied bezeichnet.

Die beiden letzten elektronischen Elementarglieder sind die Signalleitung mit dem (konstanten) Signalwert L und die Signalleitung mit dem (konstanten) Signalwert O. Sie entsprechen der ständig leitenden Verbindung

Bild 17
a) Signalleitung mit dem Signalwert L.
b) Signalleitung mit dem Signalwert O

a) —$\overset{L}{\longrightarrow}$—

b) —$\overset{O}{\longrightarrow}$—

bzw. der ständigen Unterbrechung zwischen jeweils zwei Punkten der Schaltung im elektromagnetischen Fall. Bild 17a und b zeigt die beiden zugehörigen Symbole.

Die sechs elektronischen Elementarglieder sind in Tafel 8 zusammengestellt.

Elementarglied	Symbol	Elektronische Schaltung	Schaltbelegungstabelle
Folgeglied (Signalleitung x)	x →		
NICHT - Glied	x → NICHT → $\bar{x}$		x: 0, L $\bar{x}$: L, 0
UND - Glied	x_1, x_2 → UND → y		x_1: 0, L, 0, L x_2: 0, 0, L, L y: 0, 0, 0, L
ODER - Glied	x_1, x_2 → ODER → y		x_1: 0, L, 0, L x_2: 0, 0, L, L y: 0, L, L, L
Signalleitung L	L →		
Signalleitung 0	0 →		

1.2.2.2. Die zulässigen Netzwerke aus elektronischen Elementargliedern

Auch beim Aufbau elektronischer Schaltsysteme aus Elementarbausteinen ist es zweckmäßig, die Vielzahl der möglichen Netzwerke von vornherein einzuschränken. Es werden im folgenden nur solche elektronischen Schaltsysteme betrachtet, die als *zulässige* Netzwerke der sechs elektronischen Elementarglieder erhalten werden können. Es wird sich an späterer Stelle zeigen, daß alle (speicherfreien) Schaltsysteme durch zulässige Netzwerke elektronischer Elementarglieder realisiert werden können. Zulässige Netzwerke elektronischer Elementarglieder werden folgendermaßen (induktiv!) definiert:

1. Die sechs elektronischen Elementarglieder (Tafel 8) sind zulässige Netzwerke.

2. Schließt man an die Ausgangssignalleitung eines zulässigen Netzwerkes einen elektronischen Negator an, so entsteht wieder ein zulässiges Netzwerk.

3. Sind zwei zulässige Netzwerke gegeben, so erhält man

   a) durch Anschluß eines elektronischen UND-Gliedes an die beiden Ausgangssignalleitungen,

b) durch Anschluß eines elektronischen ODER-Gliedes an die beiden
Ausgangssignalleitungen

wieder ein zulässiges Netzwerk.

4. Zulässige Netzwerke elektronischer Elementarglieder können *nur* auf
den unter Punkt 1 bis Punkt 3 angegebenen Wegen entstehen.

Die folgenden Beispiele werden diese Definition erläutern.

1. Beispiel:

Das im Bild 18 dargestellte elektronische Schaltsystem ist zulässig. Sowohl die Signalleitung x_1 als auch der Negator mit dem Eingangssignal x_2

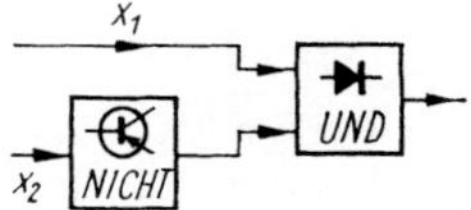

*Bild 18. 1. Beispiel eines zulässigen
elektronischen Schaltsystems*

sind zulässige Netzwerke. Daher ist auch das durch Anschluß eines UND-
Gliedes an die beiden Ausgangssignalleitungen erhaltene Netzwerk zulässig.

2. Beispiel:

Das im Bild 19 dargestellte Netzwerk ist zulässig. Die Signalleitungen x_1
und x_2 sowie der Negator mit dem Eingangssignal x_3 sind zulässige Netz-

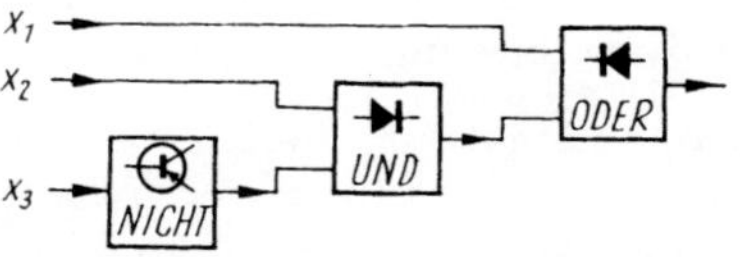

*Bild 19. 2. Beispiel eines zulässigen
elektronischen Schaltsystems*

werke. Durch Anschluß des UND-Gliedes an die beiden letzteren entsteht
wieder ein zulässiges Netzwerk. Da das ODER-Glied somit an die Ausgangssignalleitungen zweier zulässiger Netzwerke angeschlossen wird, ist
das Gesamtnetzwerk also zulässig.

Übungsaufgabe:

Begründen Sie, daß das im Bild 20 gezeigte Netzwerk zulässig ist!

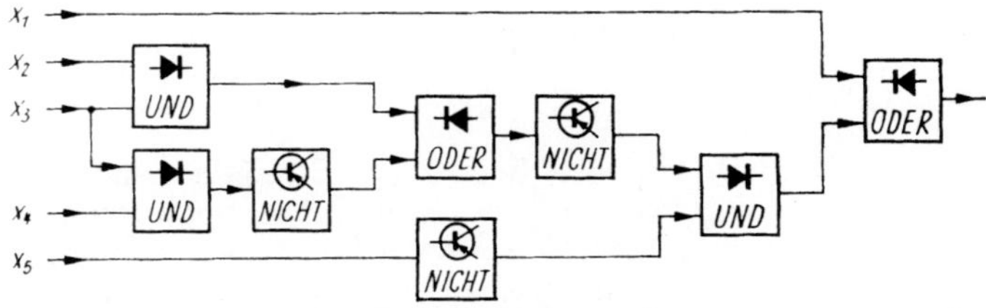

Bild 20. 3. Beispiel eines zulässigen elektronischen Schaltsystems

Das im Bild 21 dargestellte Netzwerk elektronischer Elementarglieder ist *nicht* zulässig. Es sei dem Leser empfohlen (Übungsaufgabe!), dies anhand der Definition nachzuprüfen.

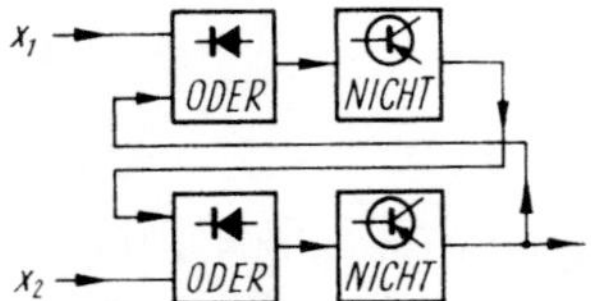

Bild 21. Gegenbeispiel. Das dargestellte Netzwerk elektronischer Elementarglieder ist im Sinne der angegebenen Definition nicht zulässig

1.3. Die prinzipielle Aufgabenstellung der Schaltalgebra

Durch Reihen-Parallel-Schaltungen von Relaiskontakten sowie durch zulässige Netzwerke elektronischer Elementarglieder lassen sich die verschiedensten binären Schaltsysteme realisieren. Um derartige Schaltsysteme für die Signalverarbeitung in automatischen Steuerungs-, Regelungs- und Rechenanlagen sinnvoll einsetzen zu können, müssen zwei wesentliche Probleme gelöst werden.

Das Analyseproblem: Ein als Netzwerk binärer Elementarglieder gegebenes binäres Schaltsystem ist im Hinblick auf die zu erwartende Signalverarbeitung zu analysieren.

Das Syntheseproblem: Aus einem vorgegebenem Sortiment von binären Elementargliedern ist ein Netzwerk so zu entwerfen und aufzubauen, daß das entstehende Schaltsystem mit minimalem Aufwand eine vorgegebene Signalverarbeitung realisiert.

Diese beiden Probleme auf rechnerischem Wege zu lösen ist die prinzipielle Aufgabenstellung der Schaltalgebra.

Um dies für elektromechanische Schaltsysteme, für elektronische Schaltsysteme und für andere Realisierungsmöglichkeiten (vgl. S. 8) gleichermaßen erreichen zu können, ist es notwendig, den Begriff des binären Schaltsystems so zu verallgemeinern, daß er unabhängig wird von der technischen Realisierung der zugrunde gelegten binären Elementarglieder. Dies ist der Gegenstand des folgenden Kapitels.

2. Der allgemeine Begriff des speicherfreien binären Schaltsystems

In diesem Kapitel wird der Begriff des speicherfreien binären Schaltsystems unabhängig von der gerätetechnischen Realisierung der binären Elementarglieder eingeführt. Ebenso wird eine verallgemeinerte Symbolik zur Darstellung von Schaltsystemen angegeben, die für die elektromechanischen und für die elektronischen Netzwerke gleichermaßen gelten soll.

2.1. Speicherfreie binäre Schaltsysteme

Unter einem binären Schaltsystem mit einem Ausgangssignal soll eine technische Einrichtung verstanden werden, der n binäre Eingangssignale $x_1, x_2, \ldots, x_n$ ($n = 1, 2, \ldots$) zugeführt werden können und die ein binäres Ausgangssignal y abgibt (Bild 22).

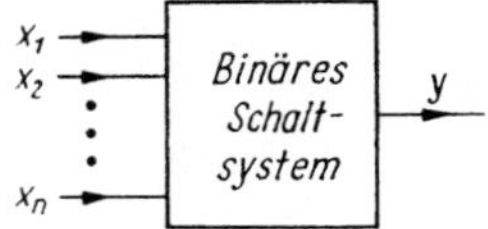

Bild 22. Das allgemeine Symbol eines beliebigen binären Schaltsystems

Später werden auch Schaltsysteme mit mehreren Ausgangssignalen betrachtet. Diese werden jedoch auf solche mit einem Ausgangssignal zurückgeführt, so daß die angegebene Definition zunächst ausreicht. Offenbar trifft diese Definition sowohl auf die elektromechanischen (vgl. S. 9 ff.) als auch auf die elektronischen Schaltsysteme (vgl. S. 15 ff.) zu. Insbesondere gilt sie für die in den Bildern 8, 9, 10, 18, 19 und 20 dargestellten elektromechanischen bzw. elektronischen Schaltsysteme.

Binäre Schaltsysteme werden als *speicherfrei* bezeichnet, wenn in jedem Zeitpunkt die n Eingangssignalwerte den Ausgangssignalwert *eindeutig* festlegen. Bei Schaltsystemen, die Speicher (z. B. bistabile Multivibratoren) enthalten, hängt der Ausgangssignalwert außer von den Eingangssignalwerten auch noch von den Zuständen der Speicher ab. So kann es bei speicherbehafteten Schaltsystemen vorkommen, daß dieselben Eingangssignalwerte zu verschiedenen Zeitpunkten verschiedene Ausgangssignalwerte hervorrufen, da sich zwischen diesen Zeitpunkten die Speicherzustände geändert haben.

Im Rahmen dieses Bandes werden nur speicherfreie binäre Schaltsysteme betrachtet. Alle Reihen-Parallel-Schaltungen von Relaiskontakten und alle zulässigen Netzwerke elektronischer Elementarglieder sind speicherfreie Schaltsysteme. Dem Leser sei empfohlen, dies für die in den Bildern 8, 9, 10, 18, 19 und 20 gezeigten Beispiele nachzuprüfen (Übungsaufgabe!).

2.2. Die verallgemeinerte Symbolik für Schaltsysteme

Elektromechanische und elektronische Schaltsysteme werden jeweils aus Elementargliedern aufgebaut, die sich in ihrer Signalverarbeitung genau entsprechen. In Tafel 9 sind die elektromechanischen und elektronischen Elementarglieder einander gegenübergestellt.

Für die in ihrer äußeren Wirkung einander entsprechenden Elementarglieder sollen nun jeweils gemeinsame Symbole eingeführt werden. Diese verallgemeinerten Symbole sind ebenfalls in Tafel 9 dargestellt. Dadurch wird es möglich, Schaltsysteme in einheitlicher Weise symbolisch darzustellen und dabei zunächst offen zu lassen, ob es sich um ein elektromechanisches oder um ein elektronisches Schaltsystem handeln soll.

Diese verallgemeinerte Symbolik kommt offenbar den Besonderheiten elektronischer Netzwerke wesentlich mehr entgegen als denen der Reihen-Parallel-Schaltungen von Relaiskontakten. Daher bereitet das Umdenken vom elektronischen Schaltsystem zum allgemein symbolisierten Schalt-

Tafel 9. *Die sechs binären Elementarglieder und ihre verallgemeinerten Symbole*

Elementarglied	Symbol elektromechanisch	Symbol elektronisch	Symbol allgemein	Schaltbelegungstabelle
Folgeglied	x	x	x	
NICHT-Glied	$\bar{x}$	x — NICHT — $\bar{x}$	x — $\bar{x}$	x|0|L $\bar{x}$|L|0
UND-Glied	x_1, x_2	x_1, x_2 — UND — y	x_1, x_2 — y	x_1|0|L|0|L x_2|0|0|L|L y|0|0|0|L
ODER-Glied	x_1, x_2	x_1, x_2 — ODER — y	x_1, x_2 — y	x_1|0|L|0|L x_2|0|0|L|L y|0|L|L|L
Ständige Verbindung bzw. Signalleitung L	L	L	L	
Ständige Unterbrechung bzw. Signalleitung 0	0	0	0	

system und umgekehrt kaum Schwierigkeiten.[1]) Die Bilder 23, 24 und 25
stellen die elektronischen Schaltsysteme der Bilder 18, 19 und 20 in der
neuen Symbolik dar. Ungewohnt dagegen erscheint das Umdenken vom
elektromechanisch symbolisierten Schaltsystem zum Schaltsystem in der
verallgemeinerten Symbolik und umgekehrt.[1]) Die Bilder 26, 27 und 28
stellen die elektromechanischen Schaltsysteme der Bilder 8, 9 und 10 in
der neuen Symbolik dar. Dem in dieser Hinsicht ungeübten Leser muß

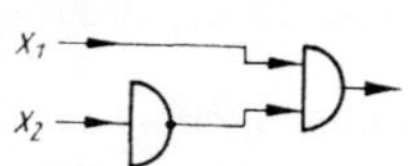

Bild 23. Darstellung des elektromechanischen Schaltsystems aus Bild 8 in der verallgemeinerten Symbolik

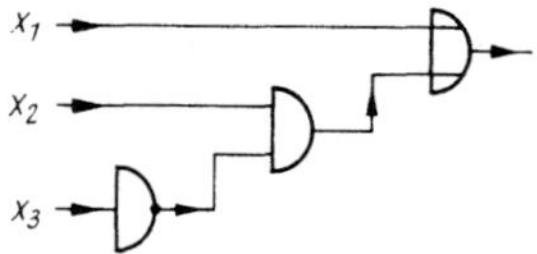

Bild 24. Darstellung des elektromechanischen Schaltsystems aus Bild 9 in der verallgemeinerten Symbolik

---

[1]) Es ist zu beachten, daß das Folgeglied hier in Anlehnung an seine einfachste Realisierungsmöglichkeit in elektronischen Schaltsystemen als Signalleitung symbolisch dargestellt wird.
Sollen jedoch Folgeglieder symbolisiert werden, die mehr darstellen als nur Signalleitungen (z. B.
Impedanzwandler oder Verstärker im elektronischen Falle oder Schütze im elektromechanischen
Falle), so ist dieser Umstand durch ein Halbkreissymbol ohne Negationspunkt mit einem Eingangs- und einem Ausgangssignal symbolisch zu kennzeichnen.

dringend empfohlen werden, die angegebenen Bilder genau zu vergleichen. Bei einiger Übung bereitet die verallgemeinerte Symbolik auch für elektromechanische Schaltsysteme keinerlei Schwierigkeiten.

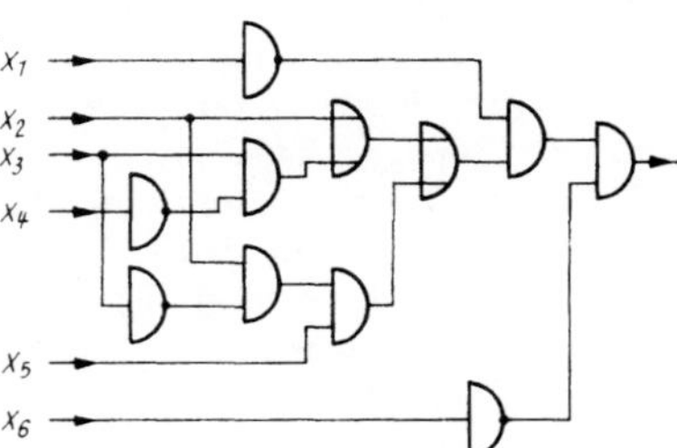

Bild 25. Darstellung des elektromechanischen Schaltsystems aus Bild 10 in der verallgemeinerten Symbolik

Es fällt auf, daß einerseits die Bilder 23 und 26 und andererseits die Bilder 24 und 27 identisch sind. Das bedeutet, daß die jeweils zugrunde liegenden elektromechanischen bzw. elektronischen Schaltsysteme (Bilder

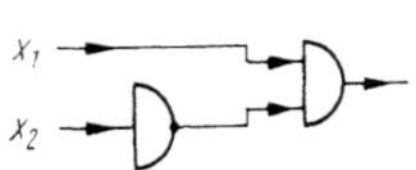

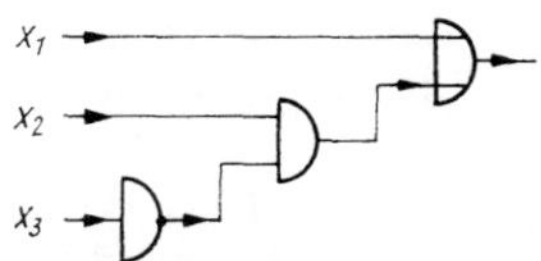

Bild 26. Darstellung des elektronischen Schaltsystems aus Bild 18 in der verallgemeinerten Symbolik

Bild 27. Darstellung des elektronischen Schaltsystems aus Bild 19 in der verallgemeinerten Symbolik

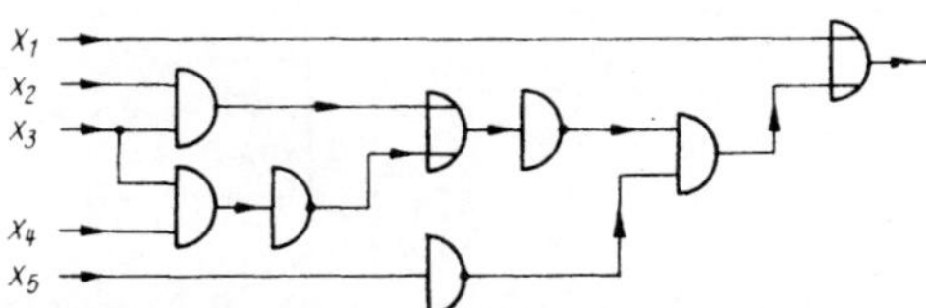

Bild 28. Darstellung des elektronischen Schaltsystems aus Bild 20 in der verallgemeinerten Symbolik

8 und 18 einerseits sowie 9 und 19 andererseits) in einem noch näher zu kennzeichnenden Sinne gleichwertig sein müssen. Dieser für die gesamte Schaltalgebra grundlegende Sachverhalt wird sehr bald zu eingehenderen Betrachtungen Anlaß geben (Abschn. 3.2.).

3. Äußere und innere Beschreibung von Schaltsystemen

Um das Analyse- und das Syntheseproblem für speicherfreie binäre Schaltsysteme zu lösen, erweist es sich als vorteilhaft, diese Schaltsysteme unter zwei grundverschiedenen Aspekten beschreiben zu können.

Bei der *äußeren* Beschreibung eines Schaltsystems steht die nach außen wirksame Signalverarbeitung im Vordergrund. Das Schaltsystem wird als nicht näher gekennzeichnete „black box" mit gewissen Eingangssignalen und einem Ausgangssignal aufgefaßt. Von Interesse ist allein die Zuordnung zwischen den verschiedenen Kombinationen von Eingangssignalwerten und dem zugehörigen Ausgangssignalwert. Die äußere Beschreibung eines Schaltsystems stellt das *Ziel* jeder Analyse und den *Ausgangspunkt* jeder Synthese dar.

Die *innere* Beschreibung eines Schaltsystems hat dagegen die Charakterisierung des inneren Aufbaus aus Elementargliedern mit Hilfe mathematischer Funktionen (Schaltfunktionen) zum Ziel. Die innere Beschreibung von Schaltsystemen ist daher *Ausgangspunkt* jeder Analyse und *Ziel* jeder Synthese.

3.1. Die äußere Beschreibung binärer Schaltsysteme durch Schaltbelegungstabellen

Da bei speicherfreien Schaltsystemen das Ausgangssignal durch die Eingangssignale eindeutig bestimmt wird, kann die äußere Beschreibung eines solchen Schaltsystems durch eine *Schaltbelegungstabelle* vorgenommen werden, in der zu jeder möglichen Kombination von Eingangssignalwerten

Tafel 10. Gegenüberstellung der elektromechanischen, der elektronischen und der verallgemeinerten Darstellung der Schaltsysteme in den Bildern 8, 9, 18 und 19

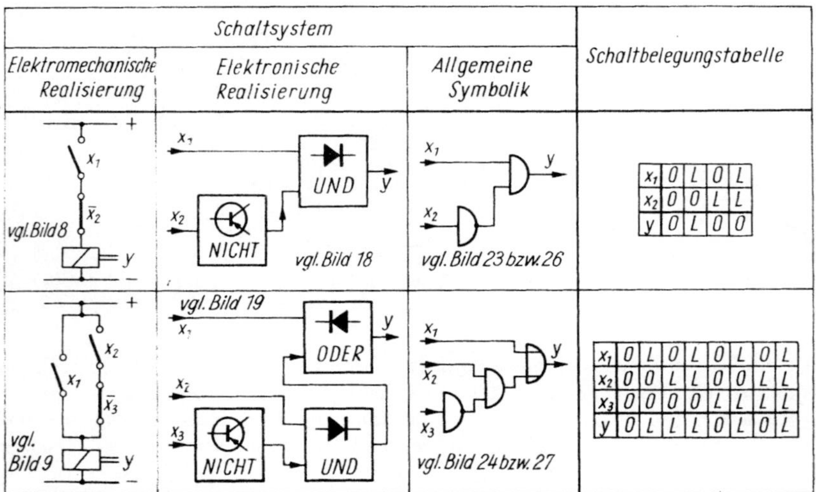

der zugehörige Ausgangssignalwert angegeben ist. Derartige Schaltbelegungstabellen sind zur (äußeren) Beschreibung der binären Elementarglieder bereits benutzt worden (vgl. Tafel 9). Tafel 10 zeigt die Schaltbelegungstabellen, die zu den in den Bildern 23, 24, 26 und 27 dargestellten Schaltsystemen gehören. Dem Leser sei empfohlen, diese in jedem Fall nachzuprüfen. Dabei kann beachtet werden, daß die genannten Schalt-

24

systeme in den Bildern 8, 9, 18 und 19 in elektromechanischer bzw. elektronischer Realisierung dargestellt sind.

Dem Leser sei zur Übung die Aufstellung der Schaltbelegungstabellen für die Schaltsysteme der Bilder 25 und 28 empfohlen.

3.2.   Äquivalenz von Schaltsystemen

Zwei binäre Schaltsysteme mit den gemeinsamen Eingangssignalen x_1, ..., x_n sollen (einander) *äquivalent* genannt werden, wenn ihre beiden Schaltbelegungstabellen übereinstimmen. Äquivalente Schaltsysteme sind also von außen gesehen, d. h. bezüglich ihrer nach außen wirksamen Signalverarbeitung, gleichwertig. Daher können äquivalente Schaltsysteme, sofern sie aus dem gleichen Sortiment binärer Elementarglieder aufgebaut sind, gegeneinander ausgetauscht werden, ohne daß die nach außen wirksame Signalverarbeitung sich ändert. Der hier eingeführte Äquivalenzbegriff für binäre Schaltsysteme bringt die bereits im Abschn. 2.2. (S. 23) vermutete Gleichwertigkeit der Schaltsysteme der Bilder 8 und 18 bzw. 9 und 19 zum Ausdruck. Tafel 10 zeigt, daß die jeweils zugehörigen Schaltbelegungstabellen übereinstimmen.

Die eigentliche Bedeutung der Äquivalenz von Schaltsystemen liegt jedoch darin, daß auch *verschiedene* Schaltsysteme, die aus dem *gleichen* Sorti-

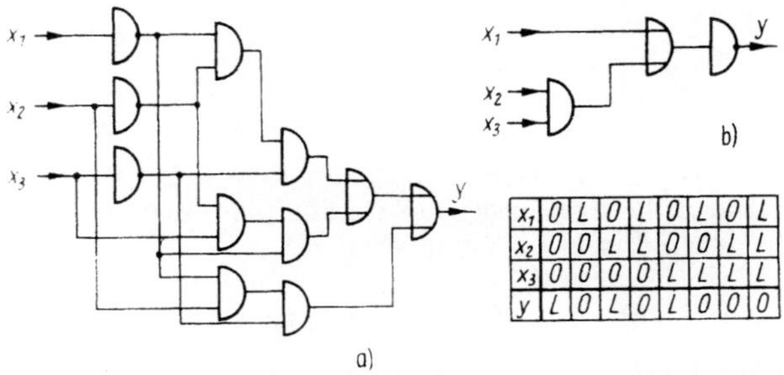

x_1	0	L	0	L	0	L	0	L
x_2	0	0	L	L	0	0	L	L
x_3	0	0	0	0	L	L	L	L
y	L	0	L	0	L	0	0	0

Bild 29. Zwei äquivalente Schaltsysteme und ihre gemeinsame Schaltbelegungstabelle

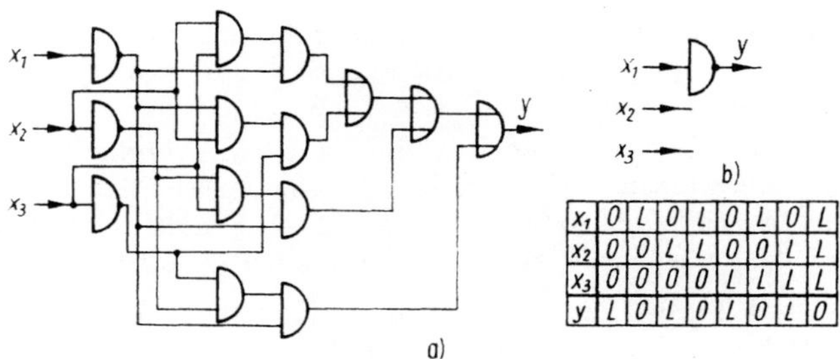

x_1	0	L	0	L	0	L	0	L
x_2	0	0	L	L	0	0	L	L
x_3	0	0	0	0	L	L	L	L
y	L	0	L	0	L	0	L	0

Bild 30. Zwei äquivalente Schaltsysteme und ihre gemeinsame Schaltbelegungstabelle

Die Schaltbelegungstabelle (Bild 30 b) zeigt, daß die Eingangssignale x_2 und x_3 keinen Einfluß auf das Ausgangssignal y haben. In derartigen Fällen werden künftig in gekürzten Schaltsystemen diese überflüssigen Eingangssignale nicht mehr dargestellt.

ment binärer Elementarglieder aufgebaut sind, einander äquivalent sein
können.

Die Bilder 29 und 30 zeigen je zwei äquivalente Schaltsysteme mit ihren
gemeinsamen Schaltbelegungstabellen. Der Leser prüfe die beiden Äquivalenzen sorgfältig nach! Die beiden Beispiele zeigen deutlich, daß es
beim Entwurf von Schaltsystemen nicht genügt, eine im Sinne der Aufgabenstellung funktionierende Schaltung zu finden. Es muß stets zusätzlich untersucht werden, ob es ein äquivalentes Schaltsystem gibt, das mit
geringerem Aufwand realisiert werden kann. Hierin liegt eine der wichtigsten Aufgaben der Schaltalgebra.

Stellt man für die elektromechanische und für die elektronische Realisierung jeweils den benötigten Aufwand gegenüber, so ergeben sich bei den
Bildern 29 und 30 die in Tafel 11 zusammengestellten Ergebnisse, die der
Leser überprüfen mag (Übungsaufgabe!).

Schaltsystem		Aufwand	
		elektromechanisch	elektronisch
Bild 29	a	9 Kontakte	16 Dioden 3 Transistoren
	b	3 Kontakte	4 Dioden 1 Transistor
Bild 30	a	12 Kontakte	22 Dioden 3 Transistoren
	b	1 Kontakt	1 Transistor

Tafel 11. Aufwandsvergleich der beiden jeweils äquivalenten Schaltsysteme im Bild 29 und 30

Um auf rechnerischem Wege zu aufwandsoptimalen Schaltsystemen kommen zu können, ist es notwendig, den *inneren* Aufbau eines Schaltsystems
mathematisch zu beschreiben.

3.3. Die innere Beschreibung binärer Schaltsysteme durch Schaltfunktionen

Zur mathematischen Beschreibung des inneren Aufbaus binärer Schaltsysteme werden die *Schaltfunktionen* eingeführt. An diese müssen folgende
Anforderungen gestellt werden:

a) Jedem speicherfreien binären Schaltsystem mit den Eingangssignalen
$x_1, \ldots, x_n$ muß eindeutig eine Schaltfunktion $f(x_1, \ldots, x_n)$ zugeordnet
werden können.

b) Die Eigenschaften der binären Elementarglieder und deren zulässige
Zusammenschaltungsmöglichkeiten müssen sich in den Schaltfunktionen
so widerspiegeln, daß durch diese Schaltfunktionen auch umgekehrt
das zugehörige Schaltsystem eindeutig festgelegt ist.

Diese Forderungen können dadurch erfüllt werden, daß man die Schaltfunktionen nach denselben formalen Regeln aufbaut wie die Schaltsysteme.
Dazu ist zweierlei erforderlich. Erstens müssen gewisse *elementare Schaltfunktionen* angegeben werden, die den binären Elementargliedern zuzuordnen sind, zweitens müssen *Operations-* bzw. *Verknüpfungszeichen* festgelegt werden, die den Funktionen des Negators, des UND-Gliedes und
des ODER-Gliedes entsprechen.

26

3.3.1. *Die sechs elementaren Schaltfunktionen*

Tafel 12 zeigt die den sechs binären Elementargliedern zugeordneten elementaren Schaltfunktionen.

Die einfachste von ihnen ist die Signalvariable $f(x) \equiv x$. Diese ist der Signalleitung x bzw. dem Schließer x zugeordnet.

Tafel 12. Die den sechs binären Elementargliedern zugeordneten sechs elementaren Schaltfunktionen

Elementarglied	Allgemeines Symbol	Elementare Schaltfunktion		Schaltbelegungstabelle
		Name	Kennzeichnung	
Folgeglied	$x \longrightarrow$	Signalvariable	x	
NICHT – Glied (Negator)	$x \longrightarrow \bar{x}$	Negierte Signalvariable	$\bar{x}$	x: 0 L $\bar{x}$: L 0
UND – Glied	$x_1, x_2 \longrightarrow y$	Konjunktion zweier Signalvariabler	$(x_1 \wedge x_2)$	x_1: 0 L 0 L x_2: 0 0 L L y: 0 0 0 L
ODER – Glied	$x_1, x_2 \longrightarrow y$	Disjunktion zweier Signalvariabler	$(x_1 \vee x_2)$	x_1: 0 L 0 L x_2: 0 0 L L y: 0 L L L
Ständige Verbindung bzw. Signalleitung L	$L \longrightarrow$	Signalwert L	L	
Ständige Unterbrechung bzw. Signalleitung O	$O \longrightarrow$	Signalwert O	O	

Als Operationszeichen für die Negation ist der Querstrich festgelegt worden (Negationszeichen). Dementsprechend wird dem Negator mit dem Eingangssignal x als elementare Schaltfunktion die *negierte Signalvariable* $f(x) \equiv \bar{x}$ (gelesen: „x quer" oder „x nicht") zugeordnet.

Als Zeichen für die UND-Verknüpfung zweier binärer Signale ist das Konjunktionszeichen $\wedge$ festgelegt. Daher wird dem UND-Glied mit den Eingangssignalen x_1 und x_2 als Schaltfunktion die *Konjunktion* $f(x_1, x_2) \equiv (x_1 \wedge x_2)$ (gelesen: „x_1 und x_2") zugeordnet.

Das Zeichen für die ODER-Verknüpfung zweier binärer Signale ist das Disjunktionszeichen $\vee$. Dem ODER-Glied mit den Eingangssignalen x_1 und x_2 wird daher als elementare Schaltfunktion die *Disjunktion* $f(x_1, x_2) \equiv (x_1 \vee x_2)$ zugeordnet. Der Signalleitung L (bzw. der ständigen leitenden Verbindung) ist als elementare Schaltfunktion der *Signalwert* L zugeordnet. Ebenso entspricht der Signalleitung O (bzw. der ständigen Unterbrechung) der *Signalwert* O als elementare Schaltfunktion. Die letzten beiden elementaren Schaltfunktionen können als Konstanten aufgefaßt werden.

Die in den elementaren Schaltfunktionen verwendeten Operations- bzw.

Verknüpfungszeichen (Negation, Konjunktion, Disjunktion) entstammen der mathematischen Logik. Das Verhältnis von mathematischer Logik und Schaltalgebra ist in der Einleitung genauer beschrieben worden.

3.3.2. *Der Aufbau allgemeiner Schaltfunktionen aus den elementaren Schaltfunktionen*

In diesem Abschnitt werden zunächst die allgemeinen Schaltfunktionen definiert. Der Zusammenhang mit den binären Schaltsystemen wird im folgenden Abschnitt hergestellt.

Ebenso wie man beliebige Schaltsysteme als zulässige Netzwerke binärer Elementarglieder durch fortlaufende Negation, UND-Verknüpfung bzw. ODER-Verknüpfung bereits vorliegender Signale erhält, kann man die zugeordneten allgemeinen Schaltfunktionen dadurch aufbauen, daß man die elementaren Schaltfunktionen in entsprechender Weise fortlaufend miteinander verknüpft. Man hat also für allgemeine Schaltfunktionen folgende induktive Definition zu geben:

1. Die sechs elementaren Schaltfunktionen (Tafel 12) sind allgemeine Schaltfunktionen.

2. Mit einer allgemeinen Schaltfunktion f ist auch deren Negation $\bar{f}$ (gelesen: „f quer" oder „f nicht") eine allgemeine Schaltfunktion.

3. Mit f_1 und f_2 sind auch

   a) $(f_1 \wedge f_2)$ (gelesen: „f$_1$ und f$_2$") und

   b) $(f_1 \vee f_2)$ (gelesen: „f$_1$ oder f$_2$")

   allgemeine Schaltfunktionen.

4. Allgemeine Schaltfunktionen können *nur* auf den unter Punkt 1 bis Punkt 3 angegebenen Wegen entstehen.[1]

Im folgenden wird statt von allgemeinen Schaltfunktionen kurz von Schaltfunktionen gesprochen werden.

Zwei Beispiele sollen die Definition erläutern:

1. Beispiel:

$$f(x_1, x_2, x_3) \equiv [(\bar{x}_1 \wedge x_2) \vee x_3]$$

ist eine Schaltfunktion, denn mit $\bar{x}_1$ und x_2 ist auch $(\bar{x}_1 \wedge x_2)$ eine Schaltfunktion. Da x_3 als Signalvariable Schaltfunktion ist, trifft dies auch auf $[(\bar{x}_1 \wedge x_2) \vee x_3]$ zu.

2. Beispiel:

$$f(x_1, x_2, x_3, x_4) \equiv [(x_1 \vee (x_2 \wedge x_3) \wedge (\bar{x}_4 \vee \bar{x}_1)]$$

ist ebenfalls eine Schaltfunktion (Übungsaufgabe!).

Es erweist sich als zweckmäßig, für *fertige* Schaltfunktionen die Klammersetzung auf ein Minimum zu reduzieren. Es soll deshalb folgendes vereinbart werden:

---

[1] Statt runder Klammern können der Übersicht halber auch eckige oder geschweifte Klammern verwendet werden.

a) Bei fertigen Schaltfunktionen können evtl. vorhandene Außenklammern weggelassen werden.

b) Das Konjunktionszeichen $\wedge$ (UND-Verknüpfung) bindet stärker als das Disjunktionszeichen $\vee$ (ODER-Verknüpfung). Alle Klammern, die diesem Umstand Ausdruck verleihen sollen, können daher ebenfalls in fertigen Schaltfunktionen weggelassen werden.

c) Die Außenklammern von negierten Teilschaltfunktionen einer Schaltfunktion können weggelassen werden.

Zur weiteren Vereinfachung bei der Niederschrift fertiger Schaltfunktionen werden im folgenden oft die Konjunktionszeichen $\wedge$ (UND-Verknüpfung) fortgelassen. Unmittelbar nebeneinander stehende Teilfunktionen gelten dann als konjunktiv verknüpft (z. B. $f_1 f_2$ bedeutet $f_1 \wedge f_2$).
Mit diesen Vereinbarungen lassen sich die in den beiden Beispielen genannten Schaltfunktionen folgendermaßen schreiben:

$$f\,(x_1,\, x_2,\, x_3) \equiv \bar{x}_1 x_2 \vee x_3,$$

$$f\,(x_1,\, x_2,\, x_3,\, x_4) \equiv (x_1 \vee x_2 x_3)\,\overline{\bar{x}_4 \vee \bar{x}_1}\,.$$

Im zweiten Beispiel kann keine weitere Klammer weggelassen werden, da der Umstand, daß hier das erste Disjunktionszeichen stärker binden soll als das Konjunktionszeichen, durch Klammern besonders hervorzuheben ist. $\overline{x_4 \vee x_1}$ braucht als negierte Teilschaltfunktion nicht in Klammern zu stehen, da der Querstrich die Bindung bereits betont.
Es sei noch vermerkt, daß man in der älteren Literatur als Konjunktionszeichen gelegentlich das arithmetische Multiplikationszeichen ($\cdot$) oder auch das Zeichen & antrifft. Als Disjunktionszeichen wird dann mitunter das arithmetische Additionszeichen ($+$) verwendet.

3.3.3. *Die Zuordnung zwischen Schaltsystemen und Schaltfunktionen*

Die Prinzipien, nach denen die Schaltfunktionen den Schaltsystemen umkehrbar eindeutig zugeordnet werden müssen, liegen nunmehr auf der Hand.
Die Zuordnung zwischen den binären Elementargliedern und den elementaren Schaltfunktionen ist in Tafel 12 angegeben.

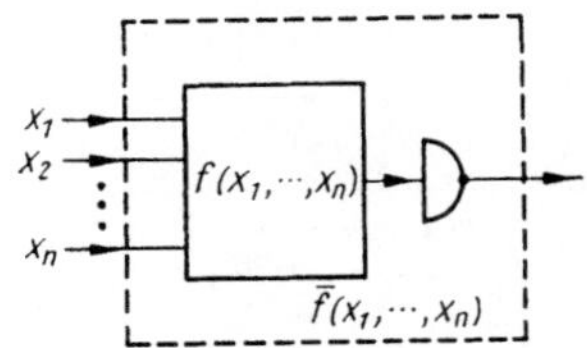

Bild 31. Die Negation einer Schaltfunktion

Erhält man aus einem Schaltsystem mit der Schaltfunktion f (Bild 31) durch Anschluß eines Negators ein neues Schaltsystem, so wird dem letzteren die Schaltfunktion $\bar{f}$ zugeordnet.

Erhält man aus zwei Schaltsystemen mit den Schaltfunktionen f_1 und f_2 durch Anschluß eines UND-Gliedes ein neues Schaltsystem (Bild 32), so wird letzterem die Schaltfunktion $(f_1 \wedge f_2)$ zugeordnet.

Erhält man schließlich aus zwei Schaltsystemen mit den Schaltfunktionen

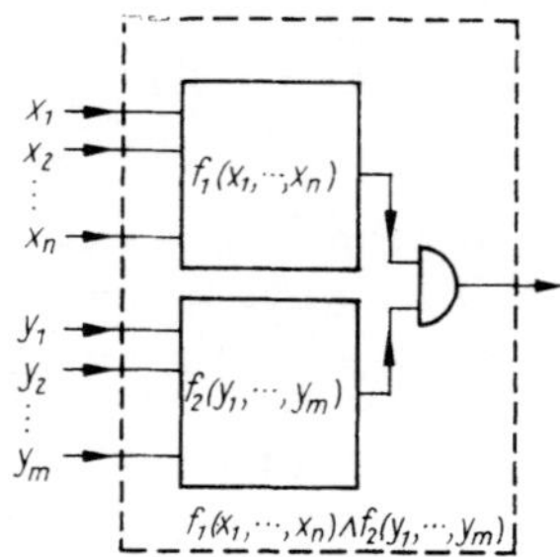

Bild 32. Die Konjunktion zweier
Schaltfunktionen

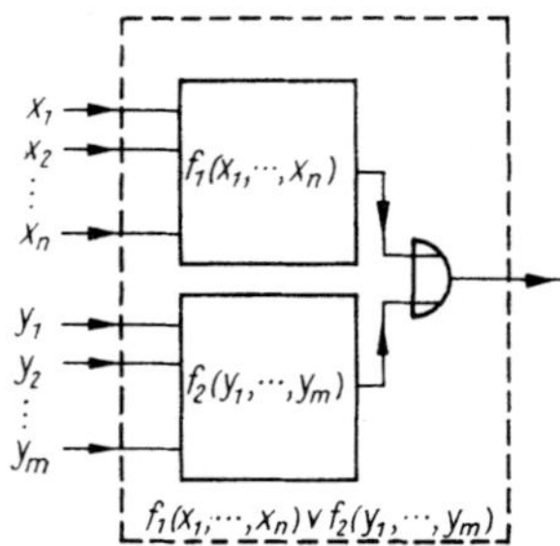

Bild 33. Die Disjunktion zweier
Schaltfunktionen

Tafel 13. Die Schaltfunktionen der in den Bildern 8, 9, 10, 18, 19, 20 dargestellten elektromechanischen bzw. elektronischen Schaltsysteme sowie die zu den Schaltfunktionen $f(x_1, x_2 x_3) \equiv x_1 \bar{x}_2 \vee x_3$ und $f(x_1, x_2, x_3, x_4) \equiv (x_1 \vee x_2 x_3)\,\bar{x}_4 \vee \bar{x}_1$ gehörigen Schaltsysteme

Schaltsystem			Schaltfunktion
Elektromechan. Realisierung	Elektronische Realisierung	Allgemeine Symbolik	
Bild 8	Bild 18	Bild 23 bzw. 26	$f(x_1, x_2) \equiv x_1 \bar{x}_2$
Bild 9	Bild 19	Bild 24 bzw. 27	$f(x_1, x_2, x_3) \equiv x_1 \vee x_2 \bar{x}_3$
——	Bild 20	Bild 25	$f(x_1, x_2, x_3, x_4, x_5) \equiv x_1 \vee \overline{x_2 x_3 \vee \bar{x}_3 \bar{x}_4}\,\bar{x}_5$
Bild 10	——	Bild 28	$f(x_1, x_2, x_3, x_4, x_5, x_6) \equiv [\bar{x}_1((x_2 \vee x_3 \bar{x}_4) \vee (x_2 \bar{x}_3)x_5)]\bar{x}_6$
			$f(x_1, x_2, x_3) \equiv \bar{x}_1 x_2 \vee x_3$
			$f(x_1, x_2, x_3, x_4) \equiv (x_1 \vee x_2 x_3)\,\bar{x}_4 \vee \bar{x}_1$

f_1 und f_2 durch Anschluß eines ODER-Gliedes ein neues Schaltsystem (Bild 33), so wird dem letzteren die Schaltfunktion $(f_1 \lor f_2)$ zugeordnet. Als Beispiele sind in Tafel 13 die zu den Bildern 23 bis 28 gehörigen Schaltfunktionen sowie die zu den beiden Beispielen des vorigen Abschnitts gehörigen Schaltsysteme zusammengestellt. Dem Leser wird dringend empfohlen, Tafel 13 anhand der angegebenen Zuordnungsprinzipien zu überprüfen.

3.4. Äquivalenz von Schaltfunktionen

Im Abschn. 3.2. wurden Schaltsysteme als äquivalent bezeichnet, wenn sie die gleichen Eingangssignale besitzen und ihre Schaltbelegungstabellen übereinstimmen. In ganz entsprechender Weise sollen nun auch die jeweils zugeordneten Schaltfunktionen als äquivalent angesehen werden.

Es sind also zwei Schaltfunktionen $f_1 (x_1, \ldots, x_n)$ und $f_2 (x_1, \ldots, x_n)$, die die gleichen Signalvariablen enthalten, (einander) äquivalent, wenn die zugeordneten Schaltsysteme äquivalent sind. Man schreibt dann $f_1 (x_1, \ldots, x_n) = f_2 (x_1, \ldots, x_n)$ und nennt diese Gleichung eine *Schaltgleichung*.

Trivialerweise ist natürlich jede Schaltfunktion zu sich selbst äquivalent. Es entsteht sofort die Frage, ob es Schaltfunktionen gibt, die nicht identisch, aber einander äquivalent sind. Daß diese Frage positiv zu beantworten ist, läßt sich auf zweierlei Weise begründen:

a) Die im Bild 29 bzw. 30 dargestellten Schaltsysteme sind jeweils einander äquivalent. Den beiden Schaltsystemen nach Bild 29 bzw. 30 entsprechen aber jeweils nichtidentische Schaltfunktionen. Wegen der Äquivalenz der Schaltsysteme müssen die entsprechenden Schaltfunktionen aber ebenfalls äquivalent sein. Somit erhält man die Schaltgleichungen

$$\text{Bild 29:} \quad [(\bar{x}_1 \bar{x}_2)\, \bar{x}_3 \lor \bar{x}_1 (\bar{x}_2 x_3)] \lor (\bar{x}_1 x_2)\, \bar{x}_3 = \overline{x_1 \lor x_2 x_3}\,, \tag{1}$$

$$\text{Bild 30:} \quad [(\bar{x}_1 (x_2 x_3) \lor (\bar{x}_1 x_2)\, \bar{x}_3) \lor \bar{x}_1 (\bar{x}_2 x_3)] \lor \bar{x}_1 (\bar{x}_2 \bar{x}_3) = \bar{x}_1\,. \tag{2}$$

Damit ist an Beispielen gezeigt, daß sehr verschieden aussehende Schaltfunktionen äquivalent sein können.

b) Für eine fest vorgegebene Anzahl n von Signalvariablen $x_1, \ldots, x_n$ gibt es offensichtlich *unendlich* viele nichtidentische Schaltfunktionen. Für die gleiche Zahl von Eingangssignalen gibt es aber nur *endlich* viele [nämlich $(2)^{2^n}$] Schaltsysteme, die einander nicht äquivalent sind. Wie man sich leicht überlegt, gibt es nur $(2)^{2^n}$ *verschiedene* Möglichkeiten, die entsprechende Schaltbelegungstabelle auszufüllen. Da somit in jedem Fall unendlich viele nichtidentische Schaltfunktionen endlich vielen nichtäquivalenten Schaltsystemen gegenüberstehen, muß es also stets nichtidentische Schaltfunktionen geben, die einander äquivalent sind.

Wegen der umkehrbar eindeutigen Zuordnung zwischen Schaltsystemen und Schaltfunktionen ist, wie bereits erwähnt, jede Schaltfunktion zu sich selbst äquivalent, d. h., die Äquivalenz von Schaltfunktionen ist eine *reflexive* Beziehung. Ebenso einfach erkennt man, daß die Äquivalenzbeziehung für Schaltfunktionen *symmetrisch* ist, d. h., wenn f_1 mit f_2 äquivalent ist, dann ist auch f_2 mit f_1 äquivalent. Schließlich ist die Äquivalenz von Schaltsystemen *transitiv*, d. h., ist f_1 äquivalent mit f_2 und f_2 seinerseits äquivalent mit f_3, so ist auch f_1 äquivalent mit f_3.

Die Äquivalenz von Schaltfunktionen ist der zentrale Begriff der Schaltalgebra. Die bereits im Abschn. 1.3. formulierte prinzipielle Aufgabenstellung der Schaltalgebra läßt sich damit folgendermaßen präzisieren.

Analyseproblem:

Zu einem vorgelegten Schaltsystem ist die zugehörige Schaltfunktion zu ermitteln. Aus dieser Schaltfunktion ist die zugehörige Schaltbelegungstabelle zu berechnen.

Syntheseproblem:

Ausgehend von einer Schaltbelegungstabelle (Aufgabenstellung) ist zunächst eine Schaltfunktion anzugeben, deren zugeordnetes Schaltsystem diese Tabelle erfüllt. Zu dieser Schaltfunktion ist eine ihr äquivalente zu suchen, die in dem Sinne *optimal* ist, daß das zugeordnete Schaltsystem mit minimalem Aufwand realisiert werden kann.

Demnach müssen von der Schaltalgebra folgende Hilfsmittel bereitgestellt werden:

1. Regeln zur Umformung einer beliebigen Schaltfunktion in eine ihr äquivalente (äquivalente Umformung),

2. Methoden zur Berechnung *der* zu einer Schaltfunktion gehörenden Schaltbelegungstabelle,

3. Methoden zur Auffindung *einer* Schaltfunktion, die zu einer vorgegebenen Schaltbelegungstabelle gehört.

Diese Hilfsmittel werden in den folgenden Kapiteln erarbeitet.

4.   Äquivalente Umformung von Schaltfunktionen

Die einzige bisher verfügbare Methode zur Feststellung der Äquivalenz zweier Schaltfunktionen besteht darin, daß die zugehörigen Schaltsysteme auf ihre Äquivalenz untersucht werden. Dieses Verfahren ist zwar stets anwendbar, erweist sich aber als sehr mühsam und zeitraubend. Insbesondere ist es (vor allem für die Auffindung neuer Äquivalenzen) zu unsystematisch. Diese Methode wird daher nur verwendet, um die wichtigsten *elementaren* Schaltgleichungen zu bestätigen und anschließend zwei allgemeinere Prinzipien zu erarbeiten, mit deren Hilfe dann aus den elementaren Schaltgleichungen die wichtigsten Umformungsregeln der Schaltalgebra abgeleitet werden können.

4.1. Elementare Schaltgleichungen

Im folgenden werden für konstante Schaltfunktionen sowie für Schaltfunktionen mit einer, zwei, drei und vier Signalvariablen die jeweils wichtigsten Schaltgleichungen angegeben. Die Auswahl der hier dargestellten Schaltgleichungen ist so getroffen, daß alle weiteren mit Hilfe der später zu erarbeitenden allgemeinen Gesetze der Schaltalgebra aus diesen abgeleitet werden können.

4.1.1. *Konstante Schaltfunktionen*

Die Signalwerte O und L wurden als konstante Schaltfunktionen eingeführt. Daher sind auch $\overline{O}$ und $\overline{L}$ Schaltfunktionen. Die zu diesen gehörigen

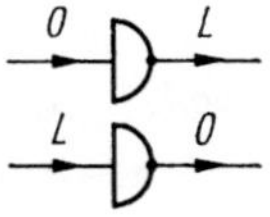

Bild 34. Zu den elementaren Schaltgleichungen $\overline{O} = L$ *und* $\overline{L} = O$

Schaltsysteme sind im Bild 34 dargestellt. Beachtet man die Wertetabelle eines Negators, so ergeben sich die beiden Schaltgleichungen:

$$\overline{O} = L \tag{3}$$

$$\overline{L} = O \tag{4}$$

Mit O und L sind auch alle möglichen Konjunktionen bzw. Disjunktionen dieser beiden als Schaltfunktionen anzusehen. Die zu diesen gehörigen

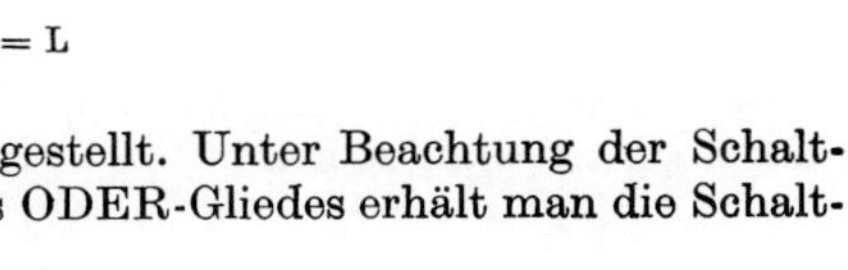

Bild 35. Zu den elementaren Schaltgleichungen

$O \wedge O = O,\ O \wedge L = O,\ L \wedge O = O,\ L \wedge L = L$

$O \vee O = O,\ O \vee L = L,\ L \vee O = L,\ L \vee L = L$

Schaltsysteme sind im Bild 35 dargestellt. Unter Beachtung der Schaltbelegungstabelle des UND- bzw. des ODER-Gliedes erhält man die Schaltgleichungen:

$$O \wedge O = O \tag{5} \qquad O \vee O = O \tag{9}$$

$$O \wedge L = O \tag{6} \qquad O \vee L = L \tag{10}$$

$$L \wedge O = O \tag{7} \qquad L \vee O = L \tag{11}$$

$$L \wedge L = L \tag{8} \qquad L \vee L = L \tag{12}$$

4.1.2. *Schaltfunktionen mit einer Signalvariablen*

Mit der negierten Signalvariablen $\bar{x}$ ist auch $\bar{\bar{x}}$ eine Schaltfunktion. Das der doppelt negierten Signalvariablen zugeordnete Schaltsystem zeigt

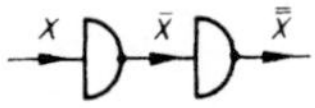

Bild 36. Zur elementaren Schaltgleichung $\bar{\bar{x}} = x$

Bild 36. Daraus läßt sich unmittelbar die Richtigkeit der Schaltgleichung

$$\bar{\bar{x}} = x \tag{13}$$

erkennen.

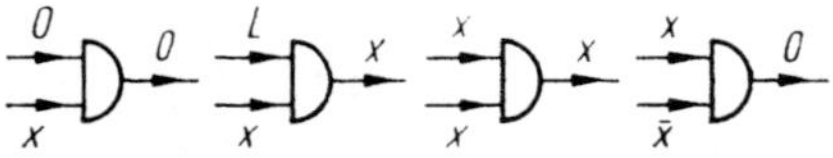

Bild 37. Zu den elementaren Schaltgleichungen

$0 \wedge x = 0,\ \mathrm{L} \wedge x = x,\ x \wedge x = x,\ x \wedge \bar{x} = 0$

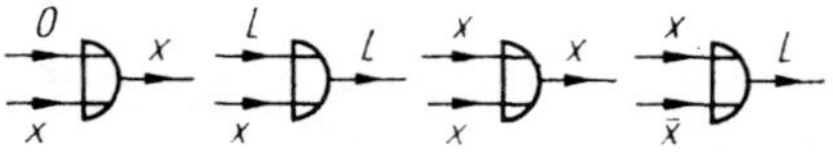

Bild 38. Zu den elementaren Schaltgleichungen

$0 \vee x = x,\ \mathrm{L} \vee x = \mathrm{L},\ x \vee x = x,\ x \vee \bar{x} = \mathrm{L}$

Aus den Bildern 37 und 38 lassen sich unmittelbar die folgenden Schaltgleichungen gewinnen:

$$0 \wedge x = 0 \quad (14) \qquad\qquad 0 \vee x = x \quad (18)$$
$$\mathrm{L} \wedge x = x \quad (15) \qquad\qquad \mathrm{L} \vee x = \mathrm{L} \quad (19)$$
$$x \wedge x = x \quad (16) \qquad\qquad x \vee x = x \quad (20)$$
$$x \wedge \bar{x} = 0 \quad (17) \qquad\qquad x \vee \bar{x} = \mathrm{L} \quad (21)$$

Der Leser mache sich dies (u. U. durch Rückgang auf die entsprechende Relaiskontaktschaltung) im einzelnen klar!

4.1.3. *Schaltfunktionen mit zwei Signalvariablen*

Hier werden zwei wichtige Gruppen von elementaren Schaltgleichungen bewiesen: die kommutativen Gesetze für Konjunktion und Disjunktion und die Negationsregeln für Konjunktion und Disjunktion jeweils zweier Signalvariabler.

Die *kommutativen Gesetze* für Konjunktion und Disjunktion, nämlich

$$x_1 \wedge x_2 = x_2 \wedge x_1, \tag{22}$$
$$x_1 \vee x_2 = x_2 \vee x_1 \tag{23}$$

folgen unmittelbar aus der Symmetrie der Wertetabellen des UND-Gliedes bzw. des ODER-Gliedes.

Die in den Bildern 39 bzw. 40 dargestellten Schaltsysteme sind offenbar jeweils äquivalent (Übungsaufgabe!). Die entsprechenden Schaltgleichungen

$$x_1 \wedge \overline{x_2} = \bar{x}_1 \vee \bar{x}_2 , \tag{24}$$

$$\overline{x_1 \vee x_2} = \bar{x}_1 \wedge \bar{x}_2 \tag{25}$$

können als *Regeln zur Negation* einer Konjunktion bzw. Disjunktion zweier Signalvariabler aufgefaßt werden. Man beachte, daß also die **Negation**

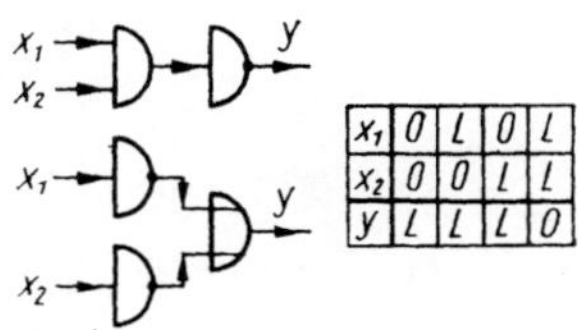

Bild 39. *Zur Negationsregel für die Konjunktion* $\overline{x_1 \wedge x_2} = \bar{x}_1 \vee \bar{x}_2$

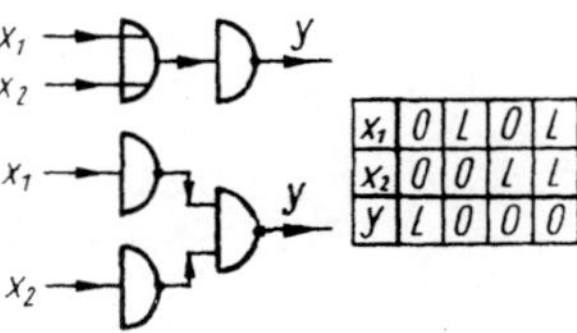

Bild 40. *Zur Negationsregel für die Disjunktion* $\overline{x_1 \vee x_2} = \bar{x}_1 \wedge \bar{x}_2$

einer *Konjunktion* zweier Signalvariabler gleich der *Disjunktion* der negierten Signalvariablen ist. Ebenso ist die Negation einer entsprechenden *Disjunktion* gleich der *Konjunktion* der negierten Signalvariablen.

4.1.4. *Die assoziativen und die distributiven Gesetze*

In diesem Abschnitt werden die wichtigsten Regeln zur Auflösung von Klammern in Schaltfunktionen behandelt. Es sind dies die *assoziativen* Gesetze für Konjunktion und Disjunktion sowie zwei *distributive* Gesetze.

4.1.4.1. Die assoziativen Gesetze

Die beiden im Bild 41 dargestellten Schaltsysteme erweisen sich als äquivalent. Daraus ergibt sich die Schaltgleichung

$$x_1 \wedge (x_2 \wedge x_3) = (x_1 \wedge x_2) \wedge x_3 . \tag{26}$$

Ebenso erhält man aus der Äquivalenz der im Bild 42 dargestellten Schaltfunktionen die Schaltgleichung

$$x_1 \vee (x_2 \vee x_3) = (x_1 \vee x_2) \vee x_3 . \tag{27}$$

Wie aus den Schaltgleichungen (26) und (27) hervorgeht, ist die Klammersetzung ohne Belang. Im folgenden soll zwischen den beiden jeweils in (25) bzw. (26) gleichgesetzten Schaltfunktionen nicht mehr unterschieden werden. Es wird vereinbart, folgende Identifizierungen vorzunehmen:

$$x_1 \wedge (x_2 \wedge x_3) \equiv (x_1 \wedge x_2) \wedge x_3 \equiv x_1 \wedge x_2 \wedge x_3 , \tag{28}$$

$$x_1 \vee (x_2 \vee x_3) \equiv (x_1 \vee x_2) \vee x_3 \equiv x_1 \vee x_2 \vee x_3 . \tag{29}$$

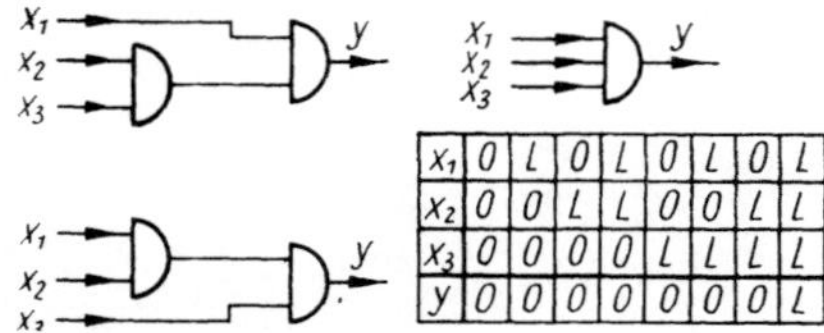

x_1	0	L	0	L	0	L	0	L
x_2	0	0	L	L	0	0	L	L
x_3	0	0	0	0	L	L	L	L
y	0	0	0	0	0	0	0	L

Bild 41. Zum assoziativen Gesetz der Konjunktion
$x_1 \wedge (x_2 \wedge x_3) = (x_1 \wedge x_2) \wedge x_3 = x_1 \wedge x_2 \wedge x_3$

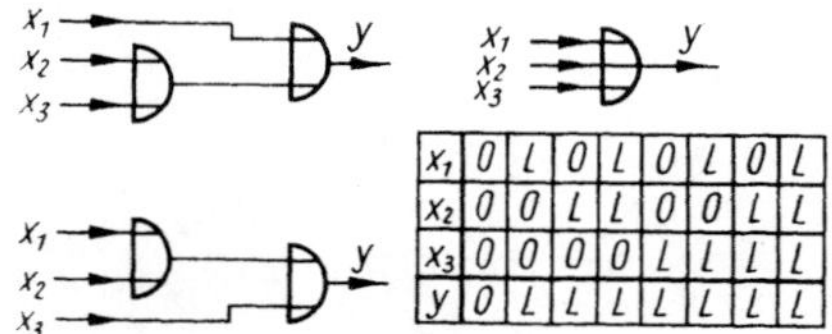

x_1	0	L	0	L	0	L	0	L
x_2	0	0	L	L	0	0	L	L
x_3	0	0	0	0	L	L	L	L
y	0	L	L	L	L	L	L	L

Bild 42. Zum assoziativen Gesetz der Disjunktion
$x_1 \vee (x_2 \vee x_3) = (x_1 \vee x_2) \vee x_3 = x_1 \vee x_2 \vee x_3$

Aus der Symmetrie der in den Bildern 41 und 42 angegebenen Schaltbelegungstabellen folgt unmittelbar, daß die kommutativen Gesetze (22) und (23) auch für mehr als zwei Signalvariable gelten. Zu entsprechenden Ergebnissen kommt man auch für den Fall von mehr als drei Signalvariablen. Man stellt auf ähnlichem Wege fest, daß Schaltfunktionen vom Typ

$$\Big(\big(\big(\ldots [x_1 \wedge x_2] \wedge x_3\big) \wedge x_4\big) \ldots \wedge x_n\Big)$$

bzw.

$$\Big(\big(\big(\ldots [x_1 \vee x_2] \vee x_3\big) \vee x_4\big) \ldots \vee x_n\Big)$$

jeweils für beliebiges n unabhängig von der Klammersetzung äquivalent sind. Auch sie sollen im folgenden jeweils identifiziert und durch die klammerfreien Schaltfunktionen

$$x_1 \wedge x_2 \wedge x_3 \wedge x_4 \ldots \wedge x_n$$

bzw.

$$x_1 \vee x_2 \vee x_3 \vee x_4 \ldots \vee x_n$$

dargestellt werden.

In entsprechender Weise müssen natürlich die zugeordneten Schaltsysteme identifiziert werden. Die Bilder 41 und 42 enthalten die Symbole für die dort jeweils als identisch betrachteten Schaltsysteme. Hierbei handelt es sich um UND-Glieder bzw. ODER-Glieder mit *drei* Eingängen. Die entsprechenden Schaltbelegungstabellen sind in den Bildern 41 bzw. 42 angegeben. Weiter werden die Schaltfunktionen $x_1 \wedge x_2 \ldots \wedge x_n$ bzw. $x_1 \vee x_2 \ldots \vee x_n$ durch UND-Glieder bzw. ODER-Glieder mit n Eingängen symbolisiert. Ein UND-Glied bzw. ODER-Glied mit n Eingängen läßt sich durch Reihenschaltung bzw. Parallelschaltung von n Schließern (im elektromagnetischen Fall) sowie durch Einbau weiterer Dioden in die Schaltbilder nach Bild 15 bzw. 16 (im elektronischen Fall) gerätetechnisch ohne weiteres realisieren.

4.1.4.2. Die distributiven Gesetze

Die Bilder 43 und 44 stellen jeweils zwei äquivalente Schaltsysteme dar (Übungsaufgabe!). Die beiden zugehörigen Schaltgleichungen lauten

$$x_1 \wedge (x_2 \vee x_3) = x_1 \wedge x_2 \vee x_1 \wedge x_3 \,, \tag{30}$$

$$x_1 \vee x_2 \wedge x_3 = (x_1 \vee x_2) \wedge (x_1 \vee x_3) \,. \tag{31}$$

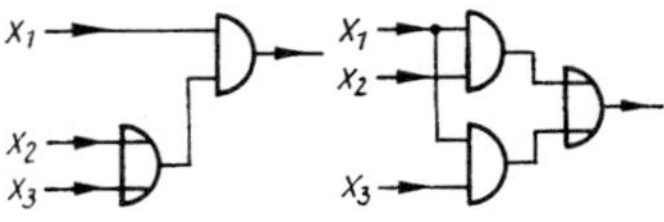

Bild 43. Zum ersten distributiven Gesetz
$x_1 \wedge (x_2 \vee x_3) = x_1 \wedge x_2 \vee x_1 \wedge x_3$

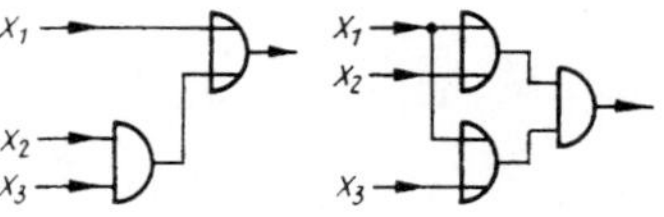

Bild 44. Zum zweiten distributiven Gesetz
$x_1 \vee (x_2 \wedge x_3) = (x_1 \vee x_2) \wedge (x_1 \vee x_3)$

Dies sind die beiden *distributiven* Gesetze. Gleichung (30) gibt an, wie man die Konjunktion einer Signalvariablen mit einer Disjunktion zweier Signalvariabler in eine Disjunktion zweier Konjunktionen äquivalent umformen kann. Von rechts nach links gelesen, zeigt die Schaltgleichung (30), wie man aus der Disjunktion zweier Konjunktionen von jeweils zwei Signalvariablen eine gemeinsame Signalvariable (x_1) ausklammern kann. Denkt man sich anstelle des Zeichens $\vee$ ein Additionszeichen und anstelle von $\wedge$ ein Multiplikationszeichen, so gilt ein der Schaltgleichung (30) entsprechendes distributives Gesetz auch beim Rechnen mit reellen oder komplexen Zahlen.

4.2. Einsetzungsregel und Ersetzungsregel

In diesem Abschnitt werden mit der Einsetzungsregel und der Ersetzungsregel zwei allgemeine Gesetze über die äquivalente Umformung von Schaltfunktionen behandelt. Zum Beweis dieser allgemeinen Gesetze steht auch hier nur die Methode des Rückgangs auf die zugehörigen Schaltsysteme und deren Wertetabellen zur Verfügung. Die Beweise werden im folgenden jedoch nicht in allen Einzelheiten durchgeführt. Für das Verständnis dieser allgemeinen Gesetze der Schaltalgebra genügen die angegebenen Beweisskizzen.

4.2.1. *Die Einsetzungsregel*

Gegeben seien zwei Schaltsysteme mit den Schaltfunktionen f_1 $(x_1, \ldots,$ $x_n)$ und f_2 $(x_1, \ldots, x_n)$ (Bild 45). Schließt man an die Eingangssignalleitung x_k $(1 \leq k \leq n)$ jeweils das Ausgangssignal eines weiteren Schaltsystems mit der Schaltfunktion g $(y_1, \ldots, y_m)$ an, so entsteht in beiden

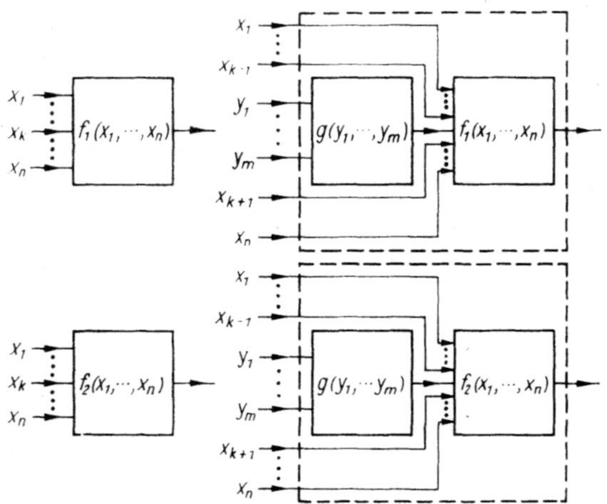

Bild 45. Zur Einsetzungsregel

Fällen wieder ein (zulässiges!) Schaltsystem mit den Eingangssignalen $y_1, \ldots, y_m, x_1, \ldots, x_{k-1}, x_{k+1}, \ldots, x_n$. Die (ebenfalls zulässigen!) Schaltfunktionen h_1 bzw. h_2 der neu entstandenen Schaltsysteme erhält man offenbar dadurch, daß man in f_1 bzw. f_2 für die Signalvariable x_k an allen Stellen ihres Auftretens jeweils die Schaltfunktion g $(y_1, \ldots, y_m)$ einsetzt. Man schreibt dies folgendermaßen:

$$h_1 \, (y_1, \ldots, y_m, x_1, \ldots, x_{k-1}, x_{k+1}, \ldots, x_n) \equiv f_1 \, x_k/g \, (y_1, \ldots, y_m),$$

$$h_2 \, (y_1, \ldots, y_m, x_1, \ldots, x_{k-1}, x_{k+1}, \ldots, x_n) \equiv f_2 \, x_k/g \, (y_1, \ldots, y_m) \, .$$

Sind nun im Bild 45 die ursprünglichen Schaltsysteme mit den Schaltfunktionen f_1 $(x_1, \ldots, x_n)$ und f_2 $(x_1, \ldots, x_n)$ äquivalent, so trifft das offenbar auch auf die beiden neu entstandenen Schaltsysteme mit den Schaltfunktionen h_1 bzw. h_2 zu. Formuliert man diesen Sachverhalt speziell für die entsprechenden Schaltfunktionen, so ergibt sich die folgende

Einsetzungsregel:

Setzt man in einer Schaltgleichung

$$f_1 \, (x_1, \ldots, x_n) = f_2 \, (x_1, \ldots, x_n)$$

für eine Signalvariable *an allen Stellen*, an denen sie in f_1 und f_2 vorkommt, eine beliebige Schaltfunktion g $(y_1, \ldots, y_m)$ ein, so bleibt die Schaltgleichheit erhalten. Es gilt dann also

$$f_1 \, x_k/g \, (y_1, \ldots, y_m) = f_2 \, x_k/g \, (y_1, \ldots, y_m) \, .$$

Der Deutlichkeit halber sei folgendes ausdrücklich betont:

1. *Eingesetzt* wird grundsätzlich *nur* für eine Signalvariable, und zwar an *allen* Stellen, an denen diese Signalvariable in der ursprünglichen *Schaltgleichung* vorkommt.

2. Es kann jede beliebige Schaltfunktion $g\,(y_1,\ \ldots,\ y_m)$ eingesetzt werden Bei jedem einzelnen Einsetzungsprozeß ist diese jedoch fest zu wählen

3. Die Signalvariablen $y_1,\ \ldots,\ y_m$ können mit den Signalvariablen $x_1,\ \ldots,\ x_n$ in beliebiger Menge übereinstimmen, aber auch von allen diesen verschieden sein.

Durch Anwendung der Einsetzungsregel können die im Abschn. 4.1. behandelten elementaren Schaltgleichungen weitgehend verallgemeinert werden. Für einige von ihnen soll das im folgenden durchgeführt werden. Auf die im Abschn. 4.1.1. angegebenen elementaren Schaltgleichungen ist die Einsetzungsregel offenbar nicht anwendbar, da in diesen keine Signalvariablen vorkommen. Die Schaltgleichungen mit einer Signalvariablen lassen sich folgendermaßen verallgemeinern:
Aus der Schaltgleichung (13) ergibt sich durch Einsetzen einer beliebigen Schaltfunktion f für die Signalvariable x

$$\bar{\bar{f}} = f , \tag{13*}$$

d. h., eine doppelt negierte Schaltfunktion ist zur ursprünglichen Schaltfunktion äquivalent. In entsprechender Weise sind die aus den elementaren Schaltgleichungen (14) bis (21) durch Anwendung der Einsetzungsregel erhaltenen Schaltfunktionen (14*) bis (21*) zu interpretieren. Es gilt also für beliebige Schaltfunktionen f:

$$O \wedge f = O \quad (14^*) \qquad\qquad O \vee f = f \quad (18^*)$$

$$L \wedge f = f \quad (15^*) \qquad\qquad L \vee f = L \quad (19^*)$$

$$f \wedge f = f \quad (16^*) \qquad\qquad f \vee f = f \quad (20^*)$$

$$f \wedge \bar{f} = O \quad (17^*) \qquad\qquad f \vee \bar{f} = L \quad (21^*)$$

Ebenso erhält man die kommutativen Gesetze für Konjunktion und Disjunktion beliebiger Schaltfunktionen. Setzt man nämlich in (22) und (23) jeweils für x_1 die Schaltfunktion f_1 und für x_2 die Schaltfunktion f_2 ein, so ergeben sich nach der Einsetzungsregel die Schaltgleichungen

$$f_1 \wedge f_2 = f_2 \wedge f_1 , \tag{22*}$$

$$f_1 \vee f_2 = f_2 \vee f_1 . \tag{23*}$$

In ganz entsprechender Weise lassen sich die Negationsregeln (24) und (25) für Konjunktion und Disjunktion für beliebige Schaltfunktionen verallgemeinern. Durch Anwendung der Einsetzungsregel erhält man

$$\overline{f_1 \wedge f_2} = \bar{f_1} \vee \bar{f_2} , \tag{24*}$$

$$\overline{f_1 \vee f_2} = \bar{f_1} \wedge \bar{f_2} , \tag{25*}$$

d. h., daß z. B. die Negation der Konjunktion zweier beliebiger Schaltfunktionen durch Disjunktion der negierten Schaltfunktionen erhalten werden kann.

Schließlich sollen noch die assoziativen Gesetze (26) und (27) sowie die distributiven Gesetze (30) und (31) entsprechend verallgemeinert werden.

Durch die Einsetzungen

$$x_1/f_0 \, , \qquad x_2/f_1 \, , \qquad x_3/f_2$$

erhält man

$$f_0 \wedge (f_1 \wedge f_2) = (f_0 \wedge f_1) \wedge f_2 \, , \tag{26*}$$

$$f_0 \vee (f_1 \vee f_2) = (f_0 \vee f_1) \vee f_2 \, , \tag{27*}$$

$$f_0 \wedge (f_1 \vee f_2) = f_0 \wedge f_1 \vee f_0 \wedge f_2 \, , \tag{30*}$$

$$f_0 \vee f_1 \wedge f_2 = (f_0 \vee f_1) \wedge (f_0 \vee f_2) \, . \tag{31*}$$

Alle diese Gesetze gelten also ebenfalls für beliebige Schaltfunktionen f_0, f_1 und f_2.

Auch die assoziativen Gesetze (26*) und (27*) gelten, ähnlich wie auf S. 36 bereits vermerkt wurde, für beliebig viele Schaltfunktionen f_0, ..., f_n bei beliebiger Klammerung und geben Anlaß zu den ebenfalls auf S. 36 bereits angegebenen Identifizierungen mit den jeweils klammerfrei geschriebenen Schaltfunktionen.

4.2.2. *Die Ersetzungsregel*

Gegeben seien zwei Schaltsysteme mit den Schaltfunktionen $f_1 (x_1, \ldots, x_n)$ und $g_1 (y_1, \ldots, y_m)$. Die im Bild 46a dargestellten drei Schaltsysteme besitzen dann die Schaltfunktionen

$$h_1 = f_1 \wedge g_1 \, ,$$

$$h_1{}' = f_1 \vee g_1 \, ,$$

$$h_1{}'' = \bar{f_1} \, .$$

Ersetzt man nun in diesen drei Schaltsystemen die Teilschaltsysteme mit den Schaltfunktionen f_1 bzw. g_1 durch jeweils äquivalente Teilschaltsysteme mit den Schaltfunktionen f_2 bzw. g_2 (Bild 46b), so sind die drei neuen Schaltsysteme mit den Schaltfunktionen

$$h_2 = f_2 \wedge g_2 \, ,$$

$$h_2{}' = f_2 \vee g_2 \, ,$$

$$h_2{}'' = \bar{f_2}$$

den entsprechenden Schaltsystemen aus Bild 46a offensichtlich äquivalent.

Aus diesen Tatbeständen erhält man nach Definition der Äquivalenz von Schaltfunktionen die folgende

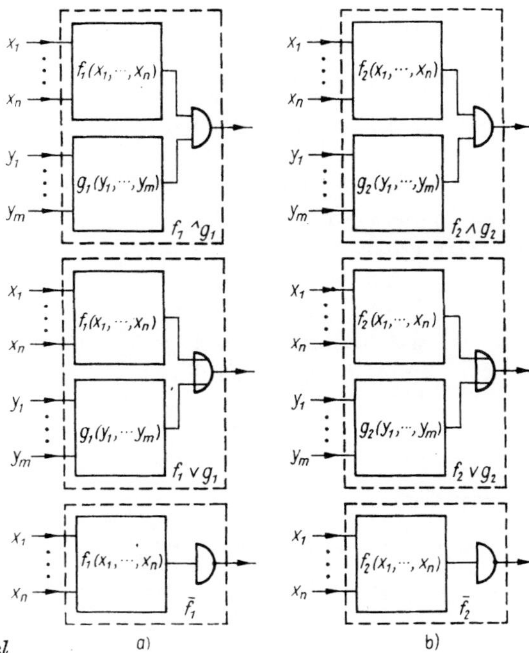

Bild 46. Zur Ersetzungsregel

Ersetzungsregel:

> Ersetzt man in einer Schaltfunktion, die als Konjunktion, Disjunktion oder Negation von Teilschaltfunktionen f_1 bzw. g_1 gegeben ist, die Teilschaltfunktionen f_1 und g_1 jeweils durch äquivalente Teilschaltfunktionen, so geht die ursprüngliche Schaltfunktion in eine ihr äquivalente über. Unter der Voraussetzung $f_1 = f_2$ und $g_1 = g_2$ gelten also die Schaltgleichungen
>
> $$f_1 \wedge g_1 = f_2 \wedge g_2 ,$$
> $$f_1 \vee g_1 = f_2 \vee g_2 ,$$
> $$\overline{f_1} = \overline{f_2} .$$

Die Teilschaltfunktionen f_1 und f_2 können u. U. ihrerseits wieder in weitere Teilschaltfunktionen zerlegt werden. Wendet man in solchen Fällen wiederum die Ersetzungsregel an und faßt man alle dadurch neu hinzukommenden Teilschaltfunktionen als Teilschaltfunktionen der ursprünglichen Schaltfunktion auf, so gelangt man auf diesem Wege zu folgender

Verallgemeinerung der Ersetzungsregel:

> Ersetzt man in einer Schaltfunktion gewisse darin vorkommende Teilschaltfunktionen durch jeweils äquivalente Teilschaltfunktionen, so geht die ursprüngliche Schaltfunktion in eine ihr äquivalente über.

Beispiel:

Gegeben sei die Schaltfunktion (Konjunktionszeichen vereinbarungsgemäß weggelassen!)

$$f\,(x_1,\,x_2,\,x_3,\,x_4,\,x_5,\,x_6) \equiv \overline{\overline{x_1 x_2} \vee \overline{x_3 x_4} \vee \overline{x_5 \bar{x}_6}}\,.$$

Wegen (25*) kann diese äquivalent umgeformt werden in

$$\overline{\overline{x_1 x_2} \vee \overline{x_3 x_4} \vee \overline{\bar{x}_5 \bar{x}_6}} = \overline{\overline{x_1 x_2} \vee \overline{x_3 x_4}}\;\; \overline{\bar{x}_5 \bar{x}_6}\,.$$

Nun kann wegen (13*) erstmalig die Ersetzungsregel angewendet werden, und man erhält

$$\overline{\overline{x_1 x_2} \vee \overline{x_3 x_4}}\;\; \overline{\bar{x}_5 \bar{x}_6} = (x_1 x_2 \vee x_3 x_4)\,\overline{\bar{x}_5 \bar{x}_6}\,.$$

Ersetzt man schließlich nach (25*) die Teilschaltfunktion $\bar{x}_5 \bar{x}_6$ durch $x_5 \vee x_6$, so ergibt sich schließlich

$$\overline{\overline{x_1 x_2} \vee \overline{x_3 x_4}}\;\; \overline{\bar{x}_5 \bar{x}_6} = (x_1 x_2 \vee x_3 x_4)\,\overline{x_5 \vee x_6}\,.$$

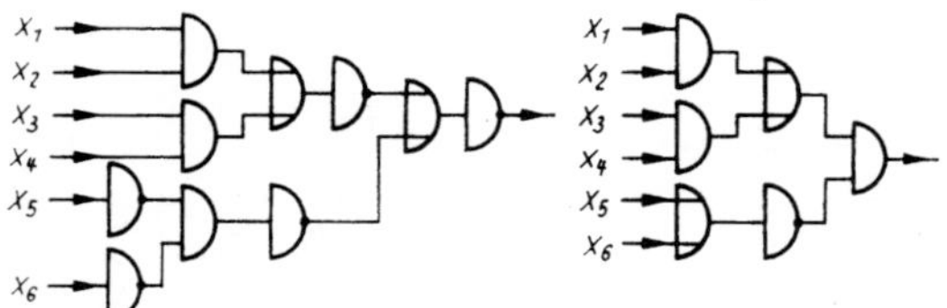

Bild 47

Bild 47 zeigt die beiden äquivalenten Schaltsysteme, die diesen beiden äquivalenten Schaltfunktionen entsprechen. Damit ist zugleich ein erstes Beispiel für die rechnerische Vereinfachung eines Schaltsystems angegeben.

Abschließend sollen die Besonderheiten der Ersetzungsregel denen der Einsetzungsregel (vgl. S. 38) gegenübergestellt werden:

1. *Ersetzt* werden grundsätzlich beliebige Teilschaltfunktionen, und zwar an beliebiger Stelle, an der sie in der ursprünglichen *Schaltfunktion* vorkommen (nicht unbedingt an allen Stellen!).

2. Eine Teilschaltfunktion kann nur durch eine ihr *äquivalente* Teilschaltfunktion ersetzt werden.

4.3. Klammerregeln der Schaltalgebra

Als Regeln zur Auflösung von Klammern bzw. zur Ausklammerung stehen bisher die beiden für beliebige Schaltfunktionen verallgemeinerten distributiven Gesetze (Konjunktionszeichen vereinbarungsgemäß weggelassen!)

$$f_0\,(f_1 \vee f_2) = f_0 f_1 \vee f_0 f_2\,, \tag{30*}$$

$$f_0 \vee f_1 f_2 = (f_0 \vee f_1)\,(f_0 \vee f_2) \tag{31*}$$

zur Verfügung. Aus diesen lassen sich mit Hilfe der Ersetzungsregel alle wichtigen Klammerregeln der Schaltalgebra ableiten. Es sind dies vor allem die folgenden beiden Regeln:

$$(g_1 \vee g_2 \vee \cdots \vee g_m)(h_1 \vee h_2 \vee \cdots \vee h_n)$$
$$= g_1 h_1 \vee g_1 h_2 \vee \cdots \vee g_1 h_n \vee g_2 h_1 \vee \cdots \vee g_m h_n , \qquad (30^{**})$$

$$g_1 g_2 \cdots g_m \vee h_1 h_2 \cdots h_n$$
$$= (g_1 \vee h_1)(g_1 \vee h_2) \cdots (g_1 \vee h_n)(g_2 \vee h_1) \cdots (g_m \vee h_n) .$$
$$(31^{**})$$

Die Regel (30^{**}) läßt sich sehr einfach durch vollständige Induktion beweisen. Da dieser Beweis jedoch wenig Erkenntniswert für den Leser mit sich bringt und die Regel (30^{**}) ohnehin sehr plausibel erscheint, soll auf ihn verzichtet werden. Die folgenden Abschnitte werden an weniger trivialen Beispielen Gelegenheit geben, das Verfahren der Beweisführung für Schaltgleichungen durch vollständige Induktion kennenzulernen.
Bei der Regel (31^{**}) könnte genauso verfahren werden. Diese läßt sich aber viel einfacher direkt aus (30^{**}) ableiten. Allerdings wird dabei mit dem *Dualitätsprinzip* ein Gesetz der Schaltalgebra benötigt, das erst im Abschn. 4.5. bewiesen wird.

1. Beispiel:

$$
\begin{aligned}
(x_1 \bar{x}_2 \vee x_2)(x_1 \vee \bar{x}_2) &= x_1 x_1 \bar{x}_2 \vee x_1 \bar{x}_2 \bar{x}_2 \vee x_1 x_2 \vee x_2 \bar{x}_2 \\
&= x_1 \bar{x}_2 \vee x_1 \bar{x}_2 \vee x_1 x_2 \vee \text{O} \\
&= \qquad x_1 \bar{x}_2 \qquad \vee \qquad x_1 x_2 \\
&= x_1 (\bar{x}_2 \vee x_2) \\
&= x_1 \text{L} \\
&= x_1
\end{aligned}
$$

2. Beispiel:

$$
\begin{aligned}
(x_1 \bar{x}_3 \vee x_2 x_3)(x_1 \bar{x}_3 \vee \bar{x}_1 x_3)(x_1 \bar{x}_3 \vee \bar{x}_1 x_2) &= x_1 \bar{x}_3 \vee x_2 x_3 \bar{x}_1 x_3 \bar{x}_1 x_2 \\
&= x_1 \bar{x}_3 \vee \bar{x}_1 x_2 x_3
\end{aligned}
$$

4.4. Die Negation einer beliebigen Schaltfunktion

Ausgehend von den beiden Negationsregeln

$$\overline{f_1 \wedge f_2} = \overline{f_1} \vee \overline{f_2} , \qquad (24^*)$$

$$\overline{f_1 \vee f_2} = \overline{f_1} \wedge \overline{f_2} \qquad (25^*)$$

soll in diesem Abschnitt die folgende Regel für die Negation einer beliebigen Schaltfunktion bewiesen werden:

> Eine Schaltfunktion f, die nicht ihrerseits die Gestalt einer Negation besitzt, wird negiert, indem man alle darin vorkommenden Konjunktionszeichen durch Disjunktionszeichen ersetzt, alle vorkommenden Disjunktionszeichen durch Konjunktionszeichen ersetzt, für jede vorkommende Signalvariable ihre Negation einsetzt und alle vorkommenden konstanten Teilschaltfunktionen (O bzw. L) gegeneinander auswechselt.

Ist f die Negation einer weiteren Schaltfunktion g, gilt also

$$f = \bar{g} \, ,$$

so ergibt sich auf Grund der Regel über die doppelte Negation (13*)

$$\bar{f} = \bar{\bar{g}} = g \, .$$

Beweis :[1])

Die allgemeine Negationsregel soll durch *vollständige Induktion* (Schluß von n auf $n + 1$) bewiesen werden. Die Induktion wird über die *Stufenzahl* der Schaltfunktion erstreckt. Dabei werden die konstanten Schaltfunktionen O und L sowie alle Signalvariablen als Schaltfunktionen nullter Stufe angesehen.

Allgemein erhält man alle Schaltfunktionen $(n + 1)$-ter Stufe in der Gestalt $\bar{f}, f_1 f_2$ oder $f_1 \vee f_2$, wenn f, f_1 bzw. f_2 alle möglichen Schaltfunktionen n-ter Stufe sind.

Für Schaltfunktionen nullter Stufe gilt die Negationsregel trivialerweise. Daß sie auch für Schaltfunktionen erster Stufe gültig ist, folgt aus den elementaren Schaltgleichungen (3), (4), (13*), (24*) bzw. (25*). Für den induktiven Beweis bleibt zu zeigen: Wenn die Regel für Schaltfunktionen n-ter Stufe gilt, so gilt sie auch für alle Schaltfunktionen $(n+1)$-ter Stufe. f_1 und f_2 seien zwei beliebige Schaltfunktionen n-ter Stufe. Alle in Frage kommenden Schaltfunktionen $(n+1)$-ter Stufe besitzen dann die Gestalt

$$f = f_1 f_2 \qquad (*)$$

oder

$$f = f_1 \vee f_2 \, .$$

Im ersten Fall erhält man wegen (24*)

$$\bar{f} = \bar{f_1} \vee \bar{f_2} \, . \qquad (**)$$

Da für f_1 und f_2 voraussetzungsgemäß die Negationsregel gelten soll und beim Übergang von (*) zu (**) offenbar wieder aus der Konjunktion eine Disjunktion wurde, gilt die Regel also auch für Schaltfunktionen $(n+1)$-ter Stufe, was zu beweisen war.

---

[1]) Der folgende Beweis soll dem dahingehend interessierten Leser ein Beispiel dafür sein, wie Regeln der Schaltalgebra, die für beliebige Schaltfunktionen gelten sollen, zu beweisen sind. Das Verständnis des weiteren Textes ist von diesem Beweis nicht abhängig..

44

Abschließend soll ein Beispiel die Anwendung der Negationsregel demonstrieren:

$$\overline{x_1x_2x_4 \vee x_1\bar{x}_2x_3 \vee x_1\bar{x}_3x_4} = (\bar{x}_1 \vee \bar{x}_2 \vee \bar{x}_4)(\bar{x}_1 \vee x_2 \vee \bar{x}_3)$$
$$(\bar{x}_1 \vee x_3 \vee \bar{x}_4)$$
$$= \bar{x}_1 \vee (\bar{x}_2 \vee \bar{x}_4)(x_2 \vee \bar{x}_3)(x_3 \vee \bar{x}_4)$$
$$= \bar{x}_1 \vee (\bar{x}_2x_2 \vee \bar{x}_2\bar{x}_3 \vee x_2\bar{x}_4 \vee \bar{x}_3\bar{x}_4)$$
$$(x_3 \vee \bar{x}_4)$$
$$= \bar{x}_1 \vee (\bar{x}_2\bar{x}_3 \vee x_2\bar{x}_4 \vee \bar{x}_3\bar{x}_4)(x_3 \vee \bar{x}_4)$$
$$= \bar{x}_1 \vee \bar{x}_2\bar{x}_3\bar{x}_4 \vee x_2x_3\bar{x}_4 \vee x_2\bar{x}_4 \vee \bar{x}_3\bar{x}_4$$
$$= \bar{x}_1 \vee \bar{x}_2\bar{x}_3\bar{x}_4 \vee L\bar{x}_3\bar{x}_4 \vee x_2x_3\bar{x}_4$$
$$\vee Lx_2\bar{x}_4$$
$$= \bar{x}_1 \vee \bar{x}_3\bar{x}_4(\bar{x}_2 \vee L) \vee x_2\bar{x}_4(x_3 \vee L)$$
$$= \bar{x}_1 \vee \bar{x}_3\bar{x}_4 \vee x_2\bar{x}_4$$

4.5. Das Dualitätsprinzip

Mit Hilfe der Regel für die Negation einer beliebigen Schaltfunktion läßt sich ein weiteres allgemeines Gesetz der Schaltalgebra gewinnen. Um dieses bequem formulieren zu können, ist der Begriff der *dualen Schaltfunktion* erforderlich.

Die zu einer gegebenen Schaltfunktion f duale Schaltfunktion f^* erhält man dadurch, daß man jedes in f vorkommende Konjunktionszeichen durch ein Disjunktionszeichen und jedes vorkommende Disjunktionszeichen durch ein Konjunktionszeichen ersetzt. So ist z. B. bei $f \equiv x_1\bar{x}_3 \vee x_4\bar{x}_5x_6$ die zugehörige duale Schaltfunktion $f^* \equiv (x_1 \vee \bar{x}_3)\,x_4 \vee \bar{x}_5 \vee x_6$.

Das angekündigte *Dualitätsprinzip* lautet:

> Mit zwei Schaltfunktionen f_1 und f_2 sind auch die jeweils zugehörigen dualen Schaltfunktionen äquivalent, d. h., aus
>
> $$f_1 = f_2$$
>
> folgt
>
> $$f_1^* = f_2^* .$$

Beweis:[1])

Es sei $f_1 \equiv f_1(x_1, \ldots, x_n)$ und $f_2 \equiv f_2(x_1, \ldots, x_n)$. Aus $f_1 = f_2$ folgt sofort $\bar{f}_1 = \bar{f}_2$. Weiterhin gilt auf Grund der allgemeinen Negationsregel

$$\bar{f}_1 = f_1^* \quad x_1/\bar{x}_1 \quad x_2/\bar{x}_2 \quad \ldots \quad x_n/\bar{x}_n \,,$$

$$\bar{f}_2 = f_2^* \quad x_1/\bar{x}_1 \quad x_2/\bar{x}_2 \quad \ldots \quad x_n/\bar{x}_n \,,$$

---

[1]) Dieser Beweis ist für das Verständnis des Folgenden nicht unbedingt nötig (vgl. Fußnote auf Seite 44).

d. h., man erhält die negierten Schaltfunktionen aus den entsprechenden dualen, indem man zusätzlich für jede vorkommende Signalvariable ihre Negation einsetzt. Damit ergibt sich die Schaltgleichung

$$f_1{}^* \; x_1/\bar{x}_1 \; x_2/\bar{x}_2 \; \ldots \; x_n/\bar{x}_n = f_2{}^* \; x_1/\bar{x}_1 \; x_2/\bar{x}_2 \; \ldots \; x_n/\bar{x}_n \; .$$

Wendet man darauf noch einmal die Einsetzungsregel an, indem man erneut die Einsetzungen

$$x_1/\bar{x}_1 \; x_2/\bar{x}_2 \; \ldots \; x_n/\bar{x}_n$$

durchführt, so geht die letzte Schaltgleichung unter Beachtung der elementaren Schaltgleichung (13) in die behauptete Schaltgleichung

$$f_1{}^* = f_2{}^*$$

über.

Mit Hilfe des nunmehr bewiesenen Dualitätsprinzips lassen sich aus gegebenen Schaltgleichungen neue Schaltgleichungen ableiten, indem man zur Schaltgleichung der jeweils dualen Schaltfunktionen übergeht.

1. Beispiel:

Aus der Negationsregel (24*) für die Konjunktion

$$\overline{f_1 f_2} = \bar{f}_1 \vee \bar{f}_2$$

folgt bereits mit Hilfe des Dualitätsprinzips die Negationsregel für die Disjunktion (25*)

$$\overline{f_1 \vee f_2} = \bar{f}_1 \; \bar{f}_2 \; .$$

2. Beispiel:

Aus der Klammerregel (30**)

$$(g_1 \vee g_2 \vee \ldots \vee g_m)(h_1 \vee h_2 \vee \ldots \vee h_n) = g_1 h_1 \vee g_1 h_2$$
$$\vee \ldots g_1 h_n \vee g_2 h_1$$
$$\vee \ldots g_m h_n$$

folgt mit Hilfe des Dualitätsprinzips die Klammerregel (31**)

$$g_1 g_2 \ldots g_m \vee h_1 h_2 \ldots h_n = (g_1 \vee h_1)(g_1 \vee h_2) \ldots (g_1 \vee h_n)$$
$$(g_2 \vee h_1) \ldots (g_m \vee h_n) \; .$$

4.6. Die Berechnung der Schaltbelegungstabelle einer Schaltfunktion

In den vorangegangenen Abschnitten wurden einige Methoden angegeben, mit deren Hilfe die Äquivalenz von Schaltfunktionen ohne Rückgang auf die zugehörigen Schaltsysteme und deren Schaltbelegungstabellen bewiesen

werden kann. Dennoch bleibt das Problem, Schaltgleichungen dadurch nachzuprüfen, daß die Äquivalenz der zugehörigen Schaltsysteme festgestellt
wird, weiterhin bestehen. Um auf diesem Wege jedoch schneller zum Ziel
zu kommen, ist es wichtig, bereits aus den Schaltfunktionen heraus die
zugehörigen Wertetabellen berechnen zu können. Ein entsprechendes Verfahren wird in diesem Abschnitt angegeben.

Grundlage für dieses Verfahren ist die Tatsache, daß eine Schaltfunktion,
die ausschließlich *konstante* Teilschaltfunktionen enthält, einer der beiden
konstanten Schaltfunktionen L oder O äquivalent sein muß. Dies läßt
sich mit Hilfe der elementaren Schaltgleichungen (3) bis (12) ohne weiteres durch vollständige Induktion beweisen. Dieser Beweis soll hier über-
gangen werden.

Um nun die zu einer vorgegebenen Schaltfunktion gehörige Schaltbelegungstabelle zu bestimmen, ist es erforderlich, zu jeder möglichen Kombination von Eingangssignalwerten den Ausgangssignalwert zu berechnen.
Jede dieser möglichen Kombinationen von Eingangssignalwerten soll als
eine *Belegung* der Eingangssignale mit den Signalwerten O bzw. L bezeichnet werden. Es gilt dann die folgende

Regel zur Berechnung der Schaltbelegungstabelle einer Schaltfunktion :

> Es sei $f(x_1, \ldots, x_n)$ eine beliebige Schaltfunktion. Man erhält zu jeder
> Belegung der Eingangssignale $x_1, \ldots, x_n$ den zugehörigen Ausgangs-
> signalwert auf folgende Weise:
>
> 1. Man setze in $f(x_1, \ldots, x_n)$ für jede mit dem Signalwert L belegte
>   Signalvariable die konstante Schaltfunktion L und für jede mit dem
>   Signalwert O belegte Signalvariable die konstante Schaltfunktion
>   O ein.
>
> 2. Man stelle fest, mit welcher der beiden konstanten Schaltfunktionen
>   L oder O die so entstandene Schaltfunktion äquivalent ist.
>
> 3. Ist die genannte Schaltfunktion mit der konstanten Schaltfunktion
>   L äquivalent, so ist der zu dieser Eingangssignalbelegung gehörige
>   Ausgangssignalwert ebenfalls L. Im anderen Fall ergibt sich der
>   Ausgangssignalwert O.

Beweis: [1])

Für Schaltfunktionen nullter Stufe gilt die angegebene Regel trivialerweise. Es bleibt wieder zu zeigen: Wenn die Regel für Schaltfunktionen
n-ter Stufe gilt, so auch für alle Schaltfunktionen $(n+1)$-ter Stufe.
Es seien $g(x_1, \ldots, x_n)$, $g_1(x_1, \ldots, x_n)$ und $g_2(y_1, \ldots, y_m)$ beliebige Schaltfunktionen n-ter Stufe. Alle Schaltfunktionen $(n+1)$-ter Stufe sind dann
in einer der Formen

$$f_1 = \bar{g} \, ,$$

$$f_2 = g_1 g_2$$

oder $\qquad f_3 = g_1 \vee g_2$

---

[1]) Vgl. Fußnote auf Seite 44.

darstellbar. Die zugeordneten Schaltsysteme haben dann die im Bild 48 dargestellte Gestalt. Für g, g_1 und g_2 als Schaltfunktionen n-ter Stufe gilt nach Voraussetzung die angegebene Regel. Somit lassen sich Ausgangssignalwerte der Teilschaltsysteme mit den Teilschaltfunktionen g, g_1 und g_2 für jede Eingangssignalbelegung nach dieser Regel bestimmen. Aus den Wertetabellen der angeschlossenen Elementarglieder (Negator, UND-Glied, ODER-Glied) folgt aber, daß diese Regel auch für die Schaltfunktionen f_1, f_2 bzw. f_3 gültig ist, was zu beweisen war.

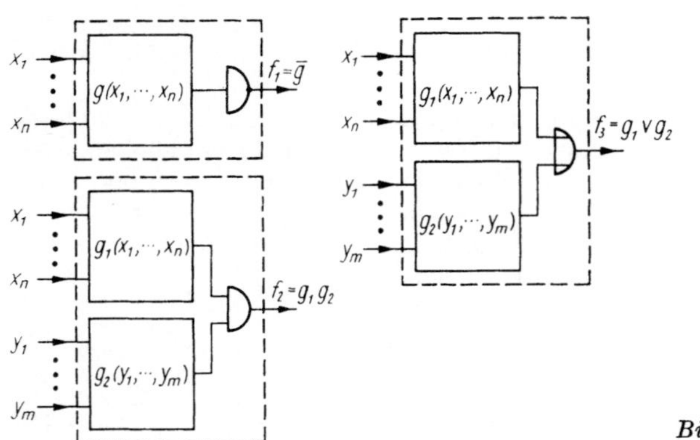

Bild 48

Beispiel:

Es sollen für die Eingangsbelegungen $x_1 \equiv L$, $x_2 \equiv O$, $x_3 \equiv L$ und $x_1 \equiv O$, $x_2 \equiv L$, $x_3 \equiv L$ die jeweiligen Ausgangssignalwerte für die Schaltfunktion $f(x_1, x_2, x_3) \equiv \bar x_1\, x_2 \vee x_1\, \bar x_3 \vee x_2\, x_3$ berechnet werden.

Bei der ersten Eingangsbelegung sind in $f(x_1, x_2, x_3)$ folgende Einsetzungen vorzunehmen: x_1/L, x_2/O, x_3/L. Daraus ergibt sich:

$$f(x_1, x_2, x_3)\ x_1/L\ x_2/O\ x_3/L = \overline{L}\, O \vee L\, \overline{L} \vee O\, L$$

$$= O\, O \vee L\, O \vee O\, L$$

$$= O \quad \vee O \quad \vee O$$

$$= O$$

Daher ergibt sich für den zugehörigen Ausgangssignalwert der Wert O. Bei der zweiten Belegung ergibt sich:

$$f(x_1, x_2, x_3)\ x_1/O\ x_2/L\ x_3/L = \overline{O}\, L \vee O\, \overline{L} \vee L\, L$$

$$= L\, L \vee O\, O \vee L\, L$$

$$= L \quad \vee O \quad \vee L$$

$$= L$$

Für die zweite Belegung der Eingangssignale ergibt sich also der Ausgangssignalwert L.

Tafel 14 zeigt den so berechneten Ausschnitt aus der Schaltbelegungstabelle. Dem Leser sei empfohlen, auf dem angegebenen Wege die Wertetabelle zu vervollständigen.

Obwohl der früher notwendige Umweg über das Schaltsystem selbst durch dieses Verfahren überflüssig geworden ist, bleibt das Vorgehen noch recht mühevoll, da zum Aufstellen der vollständigen Schaltbelegungstabelle alle

Tafel 14. Zur Berechnung der Schaltbelegungstabelle aus der Schaltfunktion

x_1	0	L	0	L	0	L	0	L
x_2	0	0	L	L	0	0	L	L
x_3	0	0	0	0	L	L	L	L
f						0	L	

möglichen Belegungen der Eingangssignale (im Beispiel 8 mögliche Belegungen; allgemein bei n Signalvariablen 2^n Belegungen) einzeln durchgerechnet werden müssen. Im Zusammenhang mit den schaltalgebraischen Normalformen (Abschn. 5.) wird sich ein weitaus bequemeres Verfahren anbieten. Das soeben behandelte Verfahren ist aber stets dann brauchbar, wenn es nur darum geht, für *eine* spezielle Belegung der Eingangssignale das Ausgangssignal zu berechnen.

4.7. Die wichtigsten Kürzungsregeln

Eine der wichtigsten Aufgaben der Schaltalgebra besteht darin, Schaltfunktionen soweit wie möglich zu kürzen. Das Ziel dieser Kürzungen besteht darin, aus einer gegebenen Schaltfunktion durch Anwendung zulässiger Umformungsregeln eine zur ursprünglichen äquivalente Schaltfunktion zu gewinnen, deren zugeordnetes Schaltsystem mit minimalem Aufwand verbunden ist.

Die hierfür erforderlichen zulässigen Umformungsregeln sind in den Abschnitten 4.1. bis 4.6. entweder direkt enthalten oder lassen sich aus den behandelten Regeln ableiten. Einige Beispiele für Kürzungen von Schaltfunktionen sind in den genannten Abschnitten gegeben worden.

Es zeigt sich nun, daß zum Kürzen von Schaltfunktionen nur relativ wenige Umformungsregeln benötigt werden. Die eigentliche Schwierigkeit beim Kürzen von Schaltfunktionen besteht in der geschickten Wahl der Reihenfolge, in der diese wenigen Regeln nacheinander angewendet werden. Von den bisher behandelten Regeln werden zum Kürzen von Schaltfunktionen besonders

die elementaren Schaltgleichungen (vgl. Abschn. 4.1.),

die Einsetzungsregel (vgl. Abschn. 4.2.),

die Ersetzungsregel (vgl. Abschn. 4.2.),

die Klammerregeln (vgl. Abschn. 4.3.)

und die Regel für die Negation einer beliebigen Schaltfunktion (vgl. Abschn. 4.4.)

benötigt. Hinzu kommen drei besonders wichtige Kürzungsregeln, die in diesem Abschnitt aus den bisherigen Regeln abgeleitet werden sollen.

4.7.1. *Die erste Kürzungsregel*

Es gilt offenbar mit Hilfe von (15), (30*), (19) sowie der Einsetzungs-
und der Ersetzungsregel

$$x_1 x_2 \vee x_2 = x_1 x_2 \vee L x_2$$
$$= x_2 (x_1 \vee L)$$
$$= x_2 L \tag{32}$$

$$\boxed{x_1 x_2 \vee x_2 = x_2} \;.$$

Die Schaltgleichung (32) läßt sich mit Hilfe der Einsetzungsregel durch
die Einsetzungen x_1/f_1, x_2/f_2, (f_1 und f_2 beliebige Schaltfunktionen) folgendermaßen verallgemeinern:

$$\boxed{f_1 f_2 \vee f_2 = f_2} \;. \tag{32*}$$

Diese *erste Kürzungsregel* läßt sich folgendermaßen aussprechen:

In einer Disjunktion können alle Disjunktionsglieder weggelassen werden, die eine Konjunktion einer beliebigen Schaltfunktion (f_1) mit
einem weiteren Disjunktionsglied (f_2) darstellen.

1. Beispiel:

Die Schaltfunktion

$$f(x_1, x_2, x_3, x_4) \equiv x_1 \bar{x}_2 x_3 \vee \bar{x}_2 x_3 x_4 \vee x_1 x_2 x_3 \vee x_1 x_3 \vee x_4$$

ist zu kürzen.

Man stellt fest, daß das vorletzte Disjunktionsglied $x_1 x_3$ im ersten und
im dritten Disjunktionsglied als Konjunktionsglied enthalten ist. Daher
ergibt sich durch zweimalige Anwendung der ersten Kürzungsregel zunächst

$$f(x_1, x_2, x_3, x_4) = \bar{x}_2 x_3 x_4 \vee x_1 x_3 \vee x_4 \;.$$

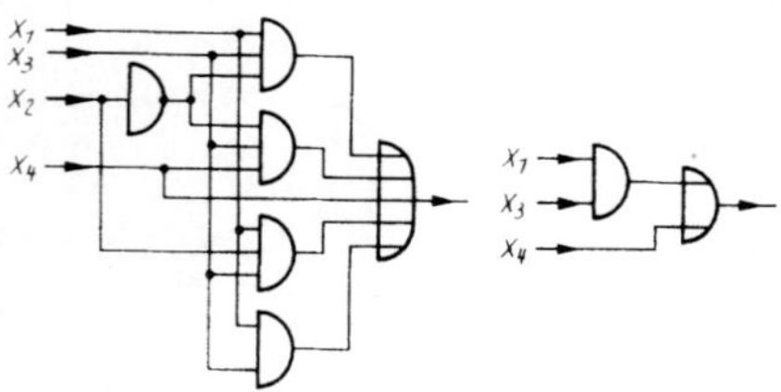

Bild 49

Da weiterhin das letzte Disjunktionsglied x_4 im ersten Disjunktionsglied
als Konjunktionsglied auftritt, erhält man durch erneute Anwendung der
ersten Kürzungsregel endgültig

$$f(x_1, x_2, x_3, x_4) = x_1 x_3 \vee x_4 \;.$$

Bild 49 zeigt die beiden Schaltsysteme, die zur ursprünglichen und zur
gekürzten Schaltfunktion gehören.

2. Beispiel:

Die Schaltfunktion

$$f(x_1, x_2, x_3, x_4) \equiv \overline{(\overline{x_1 x_4} \vee x_4)}\,\bar{x}_2 \vee \bar{x}_3 \vee x_2 x_3$$

ist zu kürzen.
Offenbar gilt wegen (25*) und (13)

$$f(x_1, x_2, x_3, x_4) = \overline{(\overline{x_1 x_4} \vee x_4)}\,x_2 x_3 \vee x_2 x_3 \, .$$

Durch Anwendung der ersten Kürzungsregel ergibt sich

$$f(x_1, x_2, x_3, x_4) = x_2 x_3 \, .$$

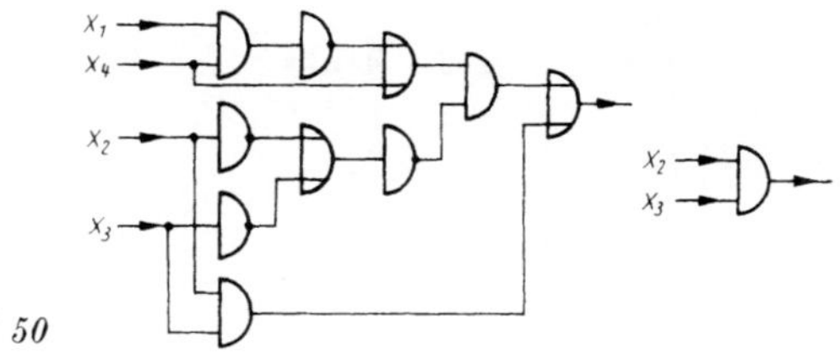

Bild 50

Bild 50 zeigt die zur ursprünglichen bzw. zur gekürzten Schaltfunktion gehörigen Schaltsysteme. Es zeigt sich, daß $f(x_1, x_2, x_3, x_4)$ von den Signalvariablen x_1 und x_4 gar nicht abhängt.

4.7.2. *Die zweite Kürzungsregel*

Unter Benutzung der Regeln (30), (21), (15) sowie der Ersetzungsregel erhält man

$$x_1 x_2 \vee x_1 \bar{x}_2 = x_1 (x_2 \vee \bar{x}_2)$$
$$= x_1 L$$

$$\boxed{x_1 x_2 \vee x_1 \bar{x}_2 = x_1} \, . \tag{33}$$

Mit Hilfe der Einsetzungsregel läßt sich die Schaltgleichung (33) für beliebige Schaltfunktionen f_1 und f_2 verallgemeinern. Man erhält

$$\boxed{f_1 f_2 \vee f_1 \bar{f}_2 = f_1} \, . \tag{33*}$$

Dies ist die *zweite Kürzungsregel*. Sie läßt sich folgendermaßen in Worte fassen:

Zwei Glieder einer Disjunktion, die sich nur dadurch unterscheiden, daß *eines* ihrer Konjunktionsglieder in einem Fall negiert und im anderen Fall unnegiert auftritt, während die beiden anderen Konjunktionsglieder übereinstimmen, lassen sich durch das übereinstimmende Konjunktionsglied ersetzen.

1. Beispiel:

Die Schaltfunktion

$$f(x_1, x_2, x_3, x_4) \equiv x_1 x_2 x_3 \bar{x}_4 \vee x_1 \bar{x}_2 x_3 \bar{x}_4 \vee x_1 x_2 \bar{x}_3 \bar{x}_4 \vee \bar{x}_1 x_2 x_3 \bar{x}_4$$

ist zu kürzen.

Man stellt fest, daß drei verschiedene Möglichkeiten der Anwendung der zweiten Kürzungsregel bestehen, denn das erste und das zweite Disjunktionsglied, das erste und das dritte Disjunktionsglied sowie das erste und das letzte Disjunktionsglied unterscheiden sich jeweils nur dadurch, daß genau eine Signalvariable das eine Mal negiert und das andere Mal unnegiert als Konjunktionsglied auftritt. Die letzten drei Disjunktionsglieder lassen sich untereinander nicht mit Hilfe der zweiten Kürzungsregel vereinfachen.

Wählt man die erste Möglichkeit der Anwendung der Kürzungsregel, so ergibt sich

$$f(x_1, x_2, x_3, x_4) = x_1 x_3 \bar{x}_4 \vee x_1 x_2 \bar{x}_3 \bar{x}_4 \vee \bar{x}_1 x_2 x_3 \bar{x}_4 \,.$$

Entsprechend erhält man bei den anderen beiden Kürzungsmöglichkeiten

$$f(x_1, x_2, x_3, x_4) = x_1 x_2 \bar{x}_4 \vee x_1 \bar{x}_2 x_3 \bar{x}_4 \vee \bar{x}_1 x_2 x_3 \bar{x}_4$$

bzw. $\quad f(x_1, x_2, x_3, x_4) = x_2 x_3 \bar{x}_4 \vee x_1 \bar{x}_2 x_3 \bar{x}_4 \vee x_1 x_2 \bar{x}_3 \bar{x}_4 \,.$

Wenn also mit einer der drei Kürzungsmöglichkeiten begonnen wurde, so sind die beiden anderen nicht mehr anwendbar. Die erhaltenen drei

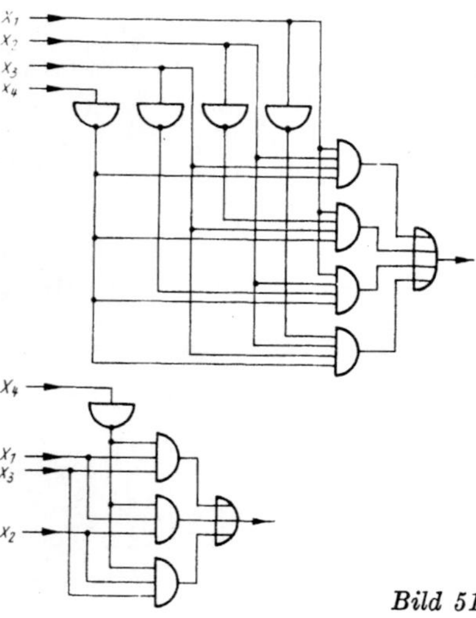

Bild 51

Schaltfunktionen lassen sich zunächst durch Anwendung der ersten oder zweiten Kürzungsregel nicht weiter vereinfachen. Durch einen kleinen *Trick* ist es jedoch möglich, alle drei Kürzungsmöglichkeiten gleichzeitig auszunutzen. Dieser Trick besteht darin, daß (gestützt auf die Regel

$g \lor g = g$) das erste Disjunktionsglied der ursprünglichen Schaltfunktion disjunktiv so oft hinzugefügt wird, wie es zum Kürzen benötigt wird. Man schreibt also

$$f(x_1, x_2, x_3, x_4) = x_1 x_2 x_3 \bar{x}_4 \lor x_1 x_2 x_3 \bar{x}_4 \lor x_1 x_2 x_3 \bar{x}_4$$

$$x_1 \bar{x}_2 x_3 \bar{x}_4 \lor x_1 x_2 \bar{x}_3 \bar{x}_4 \lor \bar{x}_1 x_2 x_3 \bar{x}_4 \,.$$

Jetzt stehen die Disjunktionsglieder, die sich mit Hilfe der zweiten Kürzungsregel zusammenfassen lassen, jeweils untereinander. Bei gleichzeitiger Ausführung der drei möglichen Kürzungen erhält man

$$f(x_1, x_2, x_3, x_4) = x_1 x_3 \bar{x}_4 \lor x_1 x_2 \bar{x}_4 \lor x_2 x_3 \bar{x}_4 \,.$$

Eine weitere Kürzung mit Hilfe der ersten beiden Kürzungsregeln ist nicht möglich. Bild 51 zeigt das ursprüngliche und das gekürzte Schaltsystem.

Der wesentliche Gedanke dieser Kürzung bestand also darin, ein Disjunktionsglied der Schaltfunktion so oft disjunktiv hinzuzufügen, wie es zum Kürzen benötigt wird. Dieser kleine Trick ist stets von Nutzen, wenn ein Disjunktionsglied nach der zweiten Kürzungsregel mit mehreren anderen Disjunktionsgliedern vereinfacht werden kann.

2. Beispiel:

Die Schaltfunktion

$$f(x_1, x_2, x_3, x_4, x_5) \equiv \overline{(x_1 x_2 \lor x_2 x_3)}\,(x_4 \lor x_5)$$

$$\lor (\bar{x}_1 \lor \bar{x}_2 \lor \overline{\bar{x}_2 \lor \bar{x}_3})\, \bar{x}_4 \bar{x}_5$$

ist zu kürzen.

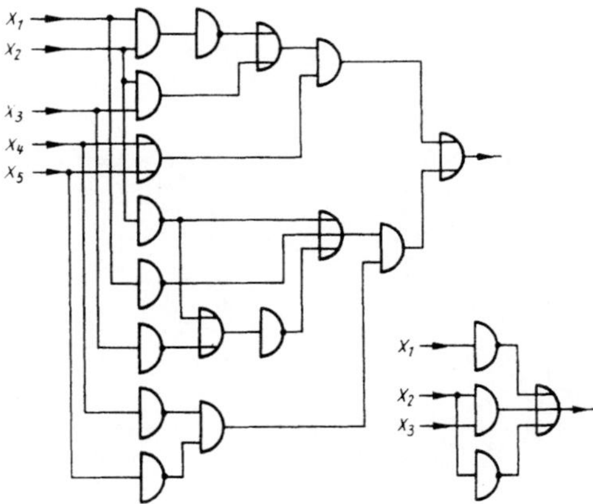

Bild 52

Der naheliegende Weg würde sicherlich darin bestehen, zunächst die Klammern aufzulösen. In diesem Fall kommt man aber einfacher zum Ziel, wenn man zunächst folgendermaßen umformt:

$$f(x_1, x_2, x_3, x_4, x_5) = \overline{(x_1 x_2 \lor x_2 x_3)}\,(x_4 \lor x_5)$$

$$\lor (x_1 x_2 \lor x_2 x_3)\, \overline{x_4 \lor x_5} \,.$$

Jetzt kann sofort die zweite Kürzungsregel angewendet werden, und man erhält

$$f(x_1, x_2, x_3, x_4, x_5) = \bar{x}_1 \vee \bar{x}_2 \vee x_2 x_3 .$$

Bild 52 zeigt das ursprüngliche und das gekürzte Schaltsystem.

4.7.3. Die dritte Kürzungsregel

Mit Hilfe der Regeln (30), (17), (18) sowie der Ersetzungsregel erhält man die Schaltgleichung

$$x_1 (\bar{x}_1 \vee x_2) = x_1 x_2 .$$

Wendet man hierauf das Dualitätsprinzip (vgl. S. 45) an, so erhält man die wichtige Schaltgleichung

$$\boxed{x_1 \vee \bar{x}_1 x_2 = x_1 \vee x_2} . \tag{34}$$

Gleichung (34) läßt sich mit Hilfe der Einsetzungsregel für beliebige Schaltfunktionen f_1 und f_2 verallgemeinern zu der Schaltgleichung

$$\boxed{f_1 \vee \bar{f}_1 f_2 = f_1 \vee f_2} . \tag{34*}$$

Diese *dritte Kürzungsregel* läßt sich folgendermaßen formulieren:

In einem Disjunktionsglied kann ein Konjunktionsglied, das die Negation eines anderen Disjunktionsgliedes derselben Disjunktion darstellt, weggelassen werden.

Beispiel:

Die Schaltfunktion

$$f(x_1, x_2, x_3) \equiv x_1 x_2 \vee (\bar{x}_1 \vee \bar{x}_2) x_3$$

ist zu kürzen.

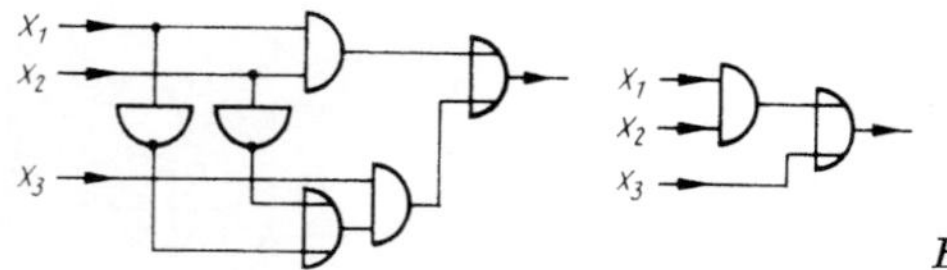

Bild 53

Es ergibt sich zunächst

$$f(x_1, x_2, x_3) = x_1 x_2 \vee \overline{x_1 x_2}\, x_3 .$$

Durch Anwendung der dritten Kürzungsregel folgt daraus

$$f(x_1, x_2, x_3) = x_1 x_2 \vee x_3 .$$

Bild 53 zeigt die beiden entsprechenden Schaltsysteme.

5. Normalformen für Schaltfunktionen

Die folgenden Kapitel sind der wichtigsten Aufgabenstellung der Schaltalgebra, nämlich der äquivalenten Umformung beliebiger Schaltfunktionen in *optimale* Schaltfunktionen, gewidmet. Welche Anforderungen dabei an die Optimalität einer Schaltfunktion zu stellen sind, wird im Abschn. 6. genauer untersucht. Im Abschn. 7. wird schließlich anhand von Beispielen gezeigt, wie man, ausgehend von der geforderten Schaltbelegungstabelle des zu entwerfenden Schaltsystems, eine optimale Schaltfunktion berechnen kann. Die genannte Aufgabenstellung erfährt eine wesentliche Vereinfachung durch die Tatsache, daß beliebige Schaltfunktionen sich äquivalent in gewisse *Normaldarstellungen* umformen lassen. Die Umformung beliebiger Schaltfunktionen in verschiedene Arten von Normalformen bildet den Gegenstand des vorliegenden Kapitels.

Dazu ist es zunächst erforderlich, einige wichtige Grundtypen von Schaltfunktionen zu unterscheiden.

5.1. Die wichtigsten Grundtypen von Schaltfunktionen

Hierzu gehören die *Konjunktion*, die *Disjunktion*, die *einfache Konjunktion* und die *Elementarkonjunktion*.

Eine Schaltfunktion f, die in der Gestalt

$$f \equiv g_1, g_2 \ldots, g_n$$

als Konjunktion von Teilschaltfunktionen $g_1, g_2, \ldots, g_n$ gegeben ist, heißt eine *Konjunktion*. Die Teilschaltfunktionen heißen Konjunktions*glieder*.

Beispiel:

$$f(x_1, x_2, x_3, x_4) \equiv (x_1 \bar{x}_3 \vee x_2)(x_4 \vee x_1)\, \overline{x_3 \vee \bar{x}_2\, x_3}\ .$$

Diese Konjunktion besteht aus den vier Konjunktionsgliedern

$$g_1 \equiv x_1 \bar{x}_3 \vee x_2,\ g_2 \equiv x_4 \vee x_1,\ g_3 \equiv \overline{x_3 \vee \bar{x}_2}\ ,\ g_4 \equiv x_3\ .$$

In entsprechender Weise heißt eine Schaltfunktion f eine *Disjunktion*, wenn sie die Gestalt

$$f \equiv g_1 \vee g_2 \vee \cdots \vee g_n$$

besitzt. Die Teilschaltfunktionen $g_1, g_2, \ldots, g_n$ heißen Disjunktions*glieder*.

Beispiel:

$$f(x_1, x_2, x_3, x_4, x_5) \equiv \bar{x}_2 x_5 \vee x_3(x_4 \vee x_5) \vee x_1 \overline{\bar{x}_3 \vee x_2} \vee x_2\ .$$

Die vier Disjunktionsglieder sind hier $g_1 \equiv \bar{x}_2 x_5\ ,\ g_2 \equiv x_3(x_4 \vee x_5)\ ,\ g_3 \equiv x_1 \bar{x}_3 \vee x_2\ ,\ g_4 \equiv x_2\ .$

Unter einer *einfachen Konjunktion* versteht man eine Konjunktion, deren Glieder Signalvariable oder negierte Signalvariable sind.

Beispiele:

1. $\quad f \equiv \bar{x}_1 x_2 x_3$,

2. $\quad f \equiv x_{14} \bar{x}_{21} x_3$.

Schließlich versteht man unter einer *Elementarkonjunktion* der Signal-variablen x_1, x_2, ..., x_n eine einfache Konjunktion, in der jede der Signal-variablen x_1, x_2, ..., x_n entweder negiert oder unnegiert als Konjunktions-glied vorkommt.

Beispiele:

1. $\quad f \equiv x_1 \bar{x}_2 x_3$
   ist eine Elementarkonjunktion der Signalvariablen x_1, x_2 und x_3.

2. $\quad f \equiv x_{14} \bar{x}_{18} \bar{x}_{19} x_{36}$
   ist eine Elementarkonjunktion der Signalvariablen x_{14}, x_{18}, x_{19}, x_{36}.

Man beachte, daß der Begriff Elementarkonjunktion nur in bezug auf eine bestimmte Gesamtheit von Signalvariablen sinnvoll ist. Die Schalt-funktion $f \equiv x_1 \bar{x}_2 x_3$ (1. Beispiel) ist *keine* Elementarkonjunktion bezüglich der Signalvariablen x_1, x_2, x_3, x_4.

Bei allen diesen Grundtypen von Schaltfunktionen ist der Fall $n = 1$ zu-gelassen, d. h. Konjunktionen und Disjunktionen können in solche mit einem Konjunktions- bzw. Disjunktionsglied entarten. In diesem Sinne ist speziell die Schaltfunktion $f \equiv x$ eine einfache Konjunktion.

5.2. Negationstechnische Normalformen

Einen ersten Schritt zur normierten Darstellung von Schaltfunktionen stellen die *negationstechnischen Normalformen* dar. Sie sind dadurch ge-kennzeichnet, daß alle vorkommenden Negationszeichen sich nur über jeweils eine Signalvariable erstrecken. Tritt also in einer negationstechni-schen Normalform eine Teilschaltfunktion negiert auf, so muß diese stets eine Signalvariable sein.

Beispiele:

1. $\quad f \equiv x_1 \bar{x}_3 x_4 \vee x_2 (\bar{x}_1 \vee x_3 \bar{x}_4)$,

2. $\quad f \equiv (\bar{x}_3 \vee x_2 \bar{x}_1) x_4 (x_2 \vee x_3) \vee \bar{x}_5 \vee x_1 \bar{x}_2 \vee \bar{x}_4 \bar{x}_6$.

Die Beispiele lassen ahnen, daß auch negationstechnische Normalformen noch einen sehr unübersichtlichen Aufbau besitzen können. Von entschei-dender Wichtigkeit ist die Frage, ob es zu jeder beliebigen Schaltfunktion eine äquivalente negationstechnische Normalform gibt. Diese Frage läßt sich mit Hilfe der Regel für die Negation einer beliebigen Schaltfunktion sofort positiv beantworten.

Ist eine beliebige Schaltfunktion gegeben, die keine negationstechnische Normalform ist, so muß sie mindestens eine negierte Teilschaltfunktion enthalten, die mehr als nur eine Signalvariable darstellt. Durch fortlaufende Anwendung der Negationsregel auf diese Teilschaltfunktion erhält man schließlich eine negationstechnische Normalform.

Beispiel:

$$\overline{\bar{x}_1 x_4 \vee x_3 (x_2 \vee x_5) \vee x_4 \bar{x}_2 x_1 \vee x_3}$$

$$= \overline{\bar{x}_1 x_4} \quad \overline{x_3 (x_2 \vee x_5)} \quad \overline{x_4 \bar{x}_2 x_1 \vee x_3}$$

$$= (x_1 \vee \bar{x}_4)(\bar{x}_3 \vee \overline{x_2 \vee x_5})(\bar{x}_4 \vee \bar{x}_2 x_1 \vee x_3)$$

$$= (x_1 \vee \bar{x}_4)(\bar{x}_3 \vee \bar{x}_2 \bar{x}_5)(\bar{x}_4 \vee \bar{x}_2 x_1 \vee x_3) \,.$$

Das Beispiel zeigt gleichzeitig, daß es nicht nur eine, sondern sehr viele (sogar unendlich viele!) negationstechnische Normalformen gibt, die der ursprünglichen Schaltfunktion äquivalent sind. Durch Auflösung der Klammern sowie Anwendung weiterer Regeln der äquivalenten Umformung kann die erhaltene negationstechnische Normalform in weitere negationstechnische Normalformen übergeführt werden, die alle der ursprünglichen Schaltfunktion äquivalent sind. Die negationstechnischen Normalformen sind im Zusammenhang mit den durch Reihenparallelschaltung von Relaiskontakten realisierbaren Schaltsystemen von Bedeutung (vgl. Abschn. 6.1.).

5.3.   Disjunktive Normalformen

Wesentlich übersichtlicher als die negationstechnischen Normalformen sind die *disjunktiven Normalformen*. Eine Schaltfunktion heißt disjunktive Normalform, wenn sie die Gestalt einer Disjunktion besitzt, deren Disjunktionsglieder einfache Konjunktionen sind.

Beispiele:

1. $\qquad f \equiv x_1 \bar{x}_3 x_4 \vee x_2 \vee x_3 \bar{x}_4 \,,$

2. $\qquad f \equiv x_5 x_7 \bar{x}_8 \vee \bar{x}_9 x_{10} \vee x_4 \vee x_1 \bar{x}_4 \,.$

Es ist offensichtlich, daß jede disjunktive Normalform erst recht eine negationstechnische Normalform ist (das Umgekehrte gilt natürlich nicht immer!). Die Frage, ob es zu jeder beliebigen Schaltfunktion eine äquivalente disjunktive Normalform gibt, läßt sich ebenfalls positiv entscheiden. Zunächst kann eine beliebige Schaltfunktion nämlich in eine ihr äquivalente negationstechnische Normalform umgewandelt werden (vgl. Abschn. 5.2.). Durch fortlaufende Anwendung der Klammerregeln (vgl. Abschn. 4.3.) erhält man schließlich eine disjunktive Normalform, die der ursprünglichen Schaltfunktion äquivalent ist. Das Beispiel des vorigen Abschnitts läßt sich folgendermaßen weiterführen:

$$\bar{x}_1 x_4 \vee x_3 (x_2 \vee x_5) \vee x_4 \bar{x}_2 x_1 \vee x_3$$

$$= (x_1 \vee \bar{x}_4)(\bar{x}_3 \vee \bar{x}_2 \bar{x}_5)(\bar{x}_4 \vee \bar{x}_2 x_1 \vee x_3)$$

$$= (x_1 \bar{x}_3 \vee x_1 \bar{x}_2 \bar{x}_5 \vee \bar{x}_3 \bar{x}_4 \vee \bar{x}_2 \bar{x}_4 \bar{x}_5)(\bar{x}_4 \vee \bar{x}_2 x_1 \vee x_3)$$

$$= x_1 \bar{x}_3 \bar{x}_4 \vee x_1 \bar{x}_2 \bar{x}_3 \vee x_1 \bar{x}_2 \bar{x}_4 \bar{x}_5 \vee x_1 \bar{x}_2 \bar{x}_5 \vee x_1 \bar{x}_2 x_3 \bar{x}_5$$

$$\vee \; \bar{x}_3 \bar{x}_4 \vee x_1 \bar{x}_2 \bar{x}_3 \bar{x}_4 \vee \bar{x}_2 \bar{x}_4 \bar{x}_5 \vee x_1 \bar{x}_2 \bar{x}_4 \bar{x}_5 \vee \bar{x}_2 x_3 \bar{x}_4 \bar{x}_5$$

$$= x_1 \bar{x}_2 \bar{x}_3 \vee x_1 \bar{x}_2 \bar{x}_5 \vee \bar{x}_3 \bar{x}_4 \vee \bar{x}_2 \bar{x}_4 \bar{x}_5$$

Dabei erhält man die letzte Schaltfunktion aus der vorletzten durch systematische Anwendung der ersten Kürzungsregel (vgl. Abschn. 4.7.1.). Die beiden letzten Schaltfunktionen, die in diesem Beispiel auftreten, sind disjunktive Normalformen, die beide der ursprünglichen Schaltfunktion äquivalent sind. Es zeigt sich also, daß auch die disjunktive Normalform durch die ursprüngliche Schaltfunktion *nicht eindeutig* festgelegt wird.

Die Bedeutung der disjunktiven Normalformen besteht darin, daß bei vielen Syntheseverfahren als optimale Schaltfunktionen von vornherein nur disjunktive Normalformen zugelassen werden (vgl. Abschn. 6.3.).

5.4. Die kanonische disjunktive Normalform (KDN)

Die wichtigste unter den möglichen Normalformen einer Schaltfunktion ist die *kanonische disjunktive Normalform* (kurz: KDN). Unter einer kanonischen disjunktiven Normalform versteht man eine Schaltfunktion, die eine disjunktive Normalform ist und bei der zusätzlich alle Disjunktionsglieder *Elementar*konjunktionen *aller* in der Schaltfunktion vorkommenden Signalvariablen sind.

Beispiele :

1. $$f(x_1, x_2, x_3) = x_1 \bar{x}_2 x_3 \vee \bar{x}_1 x_2 \bar{x}_3 \vee x_1 \bar{x}_2 \bar{x}_3 \vee x_1 x_2 x_3 ,$$

2. $$f(x_1, x_2, x_3, x_4) = \bar{x}_1 \bar{x}_2 x_3 \bar{x}_4 \vee x_1 x_2 \bar{x}_3 x_4 \vee \bar{x}_1 x_2 x_3 \bar{x}_4 .$$

Offenbar ist also jede KDN eine disjunktive Normalform und damit erst recht eine negationstechnische Normalform. Das Umgekehrte gilt jedoch in der Regel nicht.

Es wird sich im folgenden herausstellen, daß es zu jeder Schaltfunktion eine äquivalente KDN gibt, und daß diese KDN durch die gegebene Schaltfunktion sogar *eindeutig* festgelegt ist. Es gibt also zu jeder beliebigen Schaltfunktion *genau eine* ihr äquivalente kanonische disjunktive Normalform.

Daß es zu jeder beliebigen Schaltfunktion mit den Signalvariablen x_1, $\dots, x_n$ eine ihr äquivalente KDN gibt sieht man folgendermaßen ein: Zunächst formt man die gegebene Schaltfunktion in eine disjunktive Normalform um (vgl. Abschn. 5.3.). Durch fortlaufende Anwendung der zweiten Kürzungsregel (33*), die hier allerdings in umgekehrter Richtung, d. h. nicht als Kürzungsregel, sondern als „Erweiterungsregel" zu gebrauchen ist, können die einfachen Konjunktionen der disjunktiven Normalform zu Elementarkonjunktionen *aller* vorkommenden Signalvariablen „erweitert" werden. Dadurch erhält man eine kanonische disjunktive Normalform.

So läßt sich z. B. die als disjunktive Normalform gegebene Schaltfunktion

$$f\,(x_1, x_2, x_3, x_4) = x_1\bar{x}_2\bar{x}_3 \lor x_2 x_4$$

folgendermaßen äquivalent in eine kanonische disjunktive Normalform umwandeln:

$$x_1\bar{x}_2\bar{x}_3 \lor x_2 x_4 = x_1\bar{x}_2\bar{x}_3 x_4 \lor x_1\bar{x}_2\bar{x}_3\bar{x}_4 \lor x_1 x_2 x_4 \lor \bar{x}_1 x_2 x_4$$

$$= x_1\bar{x}_2\bar{x}_3 x_4 \lor x_1\bar{x}_2\bar{x}_3\bar{x}_4 \lor x_1 x_2 x_3 x_4 \lor x_1 x_2\bar{x}_3 x_4$$

$$\lor \bar{x}_1 x_2 x_3 x_4 \lor \bar{x}_1 x_2\bar{x}_3 x_4 \,.$$

Es soll nun gezeigt werden, daß für Schaltfunktionen in der kanonischen disjunktiven Normalform der Zusammenhang zwischen Schaltbelegungstabelle und Schaltfunktion besonders einfach und übersichtlich hergestellt werden kann. Daran läßt sich zugleich auch erkennen, daß jede Schaltfunktion ihre KDN eindeutig bestimmt.

Es sei $f\,(x_1, \ldots, x_n)$ eine beliebige Schaltfunktion. Es gibt nun offenbar 2^n mögliche Elementarkonjunktionen der Signalvariablen $x_1, \ldots, x_n$. Die kanonische disjunktive Normalform von $f\,(x_1, \ldots, x_n)$ ist dann eine Disjunktion *einiger* dieser Elementarkonjunktionen.

Um aus der KDN die Schaltbelegungstabelle zu gewinnen, ist nach dem im Abschn. 4.6. angegebenen Verfahren vorzugehen, d. h., für jede Signalvariable sind je nach ihrer Belegung mit den Signalwerten O bzw. L die konstanten Schaltfunktionen O bzw. L einzusetzen. Dabei stellt man folgendes fest: Von allen möglichen Elementarkonjunktionen der Signalvariablen $x_1, \ldots, x_n$ nimmt bei einer gegebenen Belegung mit den Signalwerten O bzw. L nur diejenige den Wert L an, in der alle mit O belegten Signalvariablen negiert und alle mit L belegten Signalvariablen unnegiert vorkommen. Tritt diese Elementarkonjunktion in der KDN auf, so nimmt das zu dieser Belegung der Eingangssignale gehörige Ausgangssignal den Wert L an; tritt sie nicht auf, so erhält man den Ausgangssignalwert O. Damit ist ein Verfahren gefunden, mit dessen Hilfe aus der Schaltbelegungstabelle heraus mühelos eine KDN aufgestellt werden kann, die dieser Tabelle entspricht:

a) Man stelle fest, in welchen Spalten der Tabelle das Ausgangssignal den Wert L erhalten soll.

b) Zu den in diesen Spalten angegebenen Belegungen der Eingangssignale $x_1, \ldots, x_n$ stelle man die jeweils zugehörigen Elementarkonjunktionen auf, indem man alle mit O belegten Signalvariablen in negierter Form und alle mit L belegten Signalvariablen unnegiert aufnimmt.

c) Die Disjunktion aller dieser Elementarkonjunktionen ist eine Schaltfunktion in kanonischer disjunktiver Normalform, die die gegebene Tabelle erfüllt.

Tafel 15 zeigt die gegebene Schaltbelegungstabelle mit drei Eingangssignalen $x_1, \ldots, x_3$. Nach dem besprochenen Verfahren findet man sofort die KDN

$$f(x_1, x_2, x_3) \equiv x_1 \bar{x}_2 \bar{x}_3 \vee \bar{x}_1 \bar{x}_2 x_3 \vee \bar{x}_1 x_2 x_3 .$$

Damit ist die Umkehrung der im Abschn. 4.6. behandelten Fragestellung gelöst. Zugleich wird klar, daß man sich die langwierige Rechenarbeit beim Übergang von der Schaltfunktion zur Schaltbelegungstabelle sparen kann, wenn man zuvor in die zugehörige kanonische disjunktive Normalform umformt, denn aus dieser kann die Tabelle unmittelbar abgelesen

x_1	0	L	0	L	0	L	0	L
x_2	0	0	L	L	0	0	L	L
x_3	0	0	0	0	L	L	L	L
y	0	L	0	0	L	0	L	0

Tafel 15

werden. Damit ein derartiges Vorgehen gerechtfertigt ist, muß jedoch noch gezeigt werden, daß es zu jeder Schaltfunktion wirklich nur *eine* KDN gibt. Gäbe es zu einer vorgegebenen Schaltfunktion zwei nichtidentische kanonische disjunktive Normalformen, so müßte eine von diesen eine Elementarkonjunktion enthalten, die in der anderen nicht vorkommt. Das hätte zur Folge, daß bei einer entsprechenden Belegung der Eingangssignale die Ausgangssignale verschieden wären.

Zwei nichtidentische kanonische disjunktive Normalformen können also nicht äquivalent sein.

Daher können sie auch nicht ein und derselben Schaltfunktion äquivalent sein. Es gibt also zu einer beliebigen Schaltfunktion *genau eine* ihr äquivalente KDN.

Bereits früher wurde festgestellt, daß es unendlich viele nichtidentische Schaltfunktionen mit n Signalvariablen $x_1, \ldots, x_n$ gibt. Andererseits überlegt man sich leicht, daß es nur endlich viele nichtidentische kanonische disjunktive Normalformen mit n Signalvariablen $x_1, \ldots, x_n$ gibt. Die 2^n möglichen Elementarkonjunktionen von $x_1, \ldots, x_n$ lassen sich auf $(2)^{2^n}$ verschiedene Weisen zu kanonischen disjunktiven Normalformen zusammensetzen. In dieser Gesamtzahl ist sowohl der Fall enthalten, daß die KDN *keine* Elementarkonjunktion enthält, als auch der Fall, daß die KDN *alle* Elementarkonjunktionen von $x_1, \ldots, x_n$ enthält. Im ersten Fall handelt es sich um die zur konstanten Schaltfunktion $f \equiv O$ gehörige KDN, während der zweite Fall die zur konstanten Schaltfunktion $f \equiv L$ gehörige KDN liefert.

Unendlich vielen Schaltfunktionen mit den Signalvariablen $x_1, \ldots, x_n$ stehen also endlich viele [genau $(2)^{2^n}$] kanonische disjunktive Normalformen dieser Signalvariablen gegenüber. Da jede beliebige Schaltfunktion genau eine ihr äquivalente KDN besitzt, muß es also nichtidentische Schaltfunktionen geben, deren kanonische disjunktive Normalformen identisch sind. Dies kann aber offensichtlich nur dann der Fall sein, wenn diese nichtidentischen Schaltfunktionen äquivalent sind:

Äquivalente Schaltfunktionen besitzen übereinstimmende kanonische disjunktive Normalformen.

Die besonders wichtigen Ergebnisse dieses Abschnitts lassen sich folgendermaßen zusammenfassen:

a) Zu jeder beliebigen Schaltfunktion gibt es *genau eine* ihr äquivalente kanonische disjunktive Normalform.

b) Äquivalente Schaltfunktionen besitzen übereinstimmende kanonische disjunktive Normalformen.

c) Die zu einer vorgegebenen Schaltbelegungstabelle gehörige KDN läßt sich aus dieser Tabelle unmittelbar ablesen. Ebenso erhält man aus einer gegebenen KDN mühelos die zugehörige Schaltbelegungstabelle. Daher läßt sich zu jedem speicherfreien Schaltsystem eine Schaltfunktion angeben. Mit anderen Worten: *Jedes* speicherfreie Schaltsystem ist durch Reihen-Parallel-Schaltungen von Relaiskontakten oder durch zulässige Netzwerke elektronischer Elementarglieder realisierbar.

d) Die Bedeutung der kanonischen disjunktiven Normalformen besteht darin, daß sie sich besonders einfach aus der Aufgabenstellung heraus gewinnen lassen. Beginnt man beim Entwurf speicherfreier Schaltsysteme mit der Aufstellung der KDN, so können alle weiteren Kürzungsverfahren von vornherein auf kanonische disjunktive Normalformen als normierte Ausgangsdarstellung bezogen werden.

6. Optimale Schaltfunktionen

Nachdem mit den kanonischen disjunktiven Normalformen der normierte Ausgangspunkt für die schaltalgebraischen Kürzungsverfahren festgelegt ist, müssen die Ziele dieser Kürzungsverfahren präzisiert werden. Dazu muß exakt umrissen werden, welche Bedingungen der Optimalität einer Schaltfunktion zugrunde gelegt werden sollen. Die praktisch wichtigste Forderung besteht darin, daß Schaltsysteme mit *minimalem gerätetechnischem Aufwand* entworfen werden sollen. Andere (evtl. auch zusätzliche) Forderungen können darin bestehen, daß maximale Betriebssicherheit, gleichmäßige Belastung der Elementarbausteine oder minimale Anzahl von Verbindungsleitungen gefordert werden. Die Optimalität einer Schaltfunktion hängt wesentlich davon ab, welche Anforderungen gestellt werden und welche relative Bewertung ihnen beigelegt wird. Im folgenden soll ausschließlich der minimale gerätetechnische Aufwand berücksichtigt werden. Die folgenden beiden Abschnitte werden zeigen, daß die Optimalität der Schaltfunktionen dann immer noch davon abhängt, aus welchem gerätetechnischen Sortiment binärer Elementarglieder (elektromechanische oder elektronische Elementarbausteine) das Schaltsystem realisiert werden soll.

6.1. Elektromechanische Schaltsysteme

Eine wesentliche Besonderheit der Reihen-Parallel-Schaltungen von Relaiskontakten besteht darin, daß die Negation durch Öffnerkontakte realisiert wird. Dadurch können *nur* Signalvariable, aber keine Teilschaltfunktionen höherer Stufe negiert werden. Jede Schaltfunktion einer Reihen-Parallel-Schaltung von Relaiskontakten muß also zwangsläufig eine negationstechnische Normalform sein. Optimale Schaltfunktionen für Reihen-Parallel-Schaltungen von Relaiskontakten brauchen also grundsätzlich nur unter den negationstechnischen Normalformen gesucht zu werden.

Die Anzahl der benötigten *Relaisspulen* ist durch die Anzahl der benötigten Eingangssignale des Schaltsystems festgelegt. Relais*spulen* können also nur eingespart werden, wenn die Kürzung der ursprünglichen Schaltfunktion zeigt, daß gewisse Eingangssignale überflüssig sind. Liegt die Zahl der unbedingt benötigten Eingangssignale fest, so kann es sich bei der Optimierung von Reihen-Parallel-Schaltungen nur noch um die Einsparung von Kontakten handeln. Dies ist der wesentliche Teil der Optimierung von elektromechanischen Schaltsystemen, da die Kontakte dem ständigen Verschleiß unterliegen und daher ein eingesparter Kontakt nicht nur einmalige Ersparnis bedeutet.

Offenbar kann die Anzahl der benötigten Kontakte unmittelbar aus der entsprechenden Schaltfunktion abgelesen werden. Jede in der Schaltfunktion vorkommende Signalvariable (mehrfach vorkommende entsprechend mehrfach gezählt!) erfordert einen Kontakt. Daher müssen an optimale Schaltfunktionen für Reihen-Parallel-Schaltungen von Relaiskontakten die folgenden beiden Forderungen gestellt werden:

a) Es muß sich um eine negationstechnische Normalform handeln.

b) Die Zahl der Stellen, auf denen Signalvariable stehen, muß möglichst klein sein.

Das folgende Beispiel zeigt, daß insbesondere die letzte Forderung nicht unbedingt bei einer disjunktiven Normalform erfüllt wird. Die disjunktive Normalform

$$f(x_1, x_2, x_3, x_4, x_5) \equiv x_1 x_4 x_5 \lor x_2 x_3 x_5 \lor x_1 x_2 \lor x_3 x_4$$

läßt sich offenbar von keiner der drei Kürzungsregeln weiter vereinfachen. Zur Realisierung dieser Schaltfunktion sind 10 Kontakte erforderlich. Durch Ausklammern erhält man

$$f(x_1, x_2, x_3, x_4, x_5) = x_1 (x_4 x_5 \lor x_2) \lor x_3 (x_2 x_5 \lor x_4) .$$

Diese Schaltfunktion läßt sich mit 8 Kontakten realisieren. Bild 54 zeigt die beiden zugehörigen elektromechanischen Schaltsysteme.

Es zeigt sich, daß es zur Ermittlung optimaler Schaltfunktionen für elektromechanische Schaltsysteme zweckmäßig ist, zunächst die optimale disjunktive Normalform zu bestimmen und daraus durch *zweckmäßiges* Ausklammern die optimale negationstechnische Normalform zu gewinnen. Optimale disjunktive Normalformen werden im Abschn. 6.3. behandelt.

Optimale disjunktive Normalformen enthalten nur noch unbedingt erforderliche Signalvariable, so daß das Ausklammern allein dem Ziel der
Einsparung von Kontakten dienen kann.

Bild 55 zeigt eine Schaltung von Relaiskontakten, die offenbar die gleiche
Signalverarbeitung wie die beiden Schaltungen im Bild 54 hat. Diese ist
mit fünf Kontakten realisiert. Diese Schaltung ist im Bild 11 bereits als
Gegenbeispiel zur Reihen-Parallel-Schaltung von Relaiskontakten erwähnt

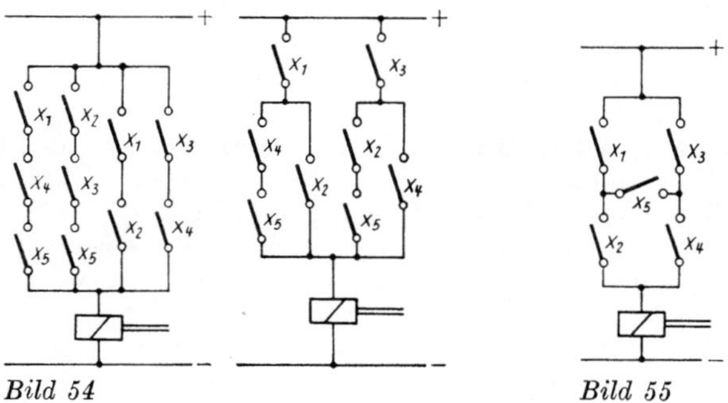

Bild 54 *Bild 55*

worden. Es muß also die wichtige Schlußfolgerung gezogen werden, daß
eine optimale Reihen-Parallel-Schaltung von Relaiskontakten noch keine
absolut optimale Kontaktschaltung ist. In vielen Fällen kann durch Umwandlung in eine *Brückenschaltung* eine weitere Einsparung von Kontakten
erzielt werden. Die zweckmäßige Umwandlung von Reihen-Parallel-Schaltungen in Brückenschaltungen von Kontakten ist mit den bisherigen
schaltalgebraischen Hilfsmitteln rechnerisch nicht zu bewältigen. Dazu
sind Hilfsmittel erforderlich, die den Rahmen dieses einführenden Bandes
sprengen und erst in einer weiterführenden Darstellung behandelt werden
können.

Durch diesen Hinweis auf Brückenschaltungen ist das Problem der Optimierung im Rahmen der Reihen-Parallel-Schaltungen jedoch keineswegs
unbedeutend geworden. Bevor der Übergang zu einer günstigen Brückenschaltung untersucht wird, ist es stets zweckmäßig, zunächst die optimale
Reihen-Parallel-Schaltung zu berechnen.

Oftmals erweist es sich als zweckmäßig, ein Schaltsystem durch Zerlegung
in Teilschaltsysteme zu realisieren. Dabei werden den einzelnen Teilschaltsystemen sowohl die eigentlichen Eingangssignale als auch Ausgangssignale anderer Teilschaltsysteme zugeführt. Dieses Vorgehen führt bei
elektromechanischen Schaltsystemen zu der Konsequenz, daß jedes Ausgangssignal eines Teilschaltsystems, das einem anderen Teilschaltsystem
zugeleitet werden soll, in der Regel eine zusätzliche Relais*spule* erforderlich macht. Dieser Mehraufwand läßt sich allerdings vermeiden, wenn
mehrere Ausgangssignale benötigt werden. Es muß dann dafür gesorgt
werden, daß nur solche Zwischensignale von einem Teilschaltsystem in
ein anderes übergehen, die auch zugleich als Ausgangssignale benötigt
werden und daher ohnehin eine Relaisspule erforderlich machen. Der geschilderte Sachverhalt wird im Abschn. 7. anhand eines Beispiels eingehend
erläutert.

6.2. Elektronische Schaltsysteme

Zulässige Netzwerke elektronischer Elementarglieder müssen im Gegensatz zu den Reihen-Parallel-Schaltungen von Kontakten nicht unbedingt negationstechnische Normalformen sein. Da elektronische Negatoren an beliebige andere Elementarglieder angeschlossen werden können, lassen sich beliebige Teilschaltfunktionen innerhalb der gesamten Schaltfunktion negieren. Die optimalen Schaltfunktionen für elektronische Schaltsysteme können daher nicht allein unter den Normalformen gesucht werden. Schon deshalb ist die Berechnung optimaler Schaltfunktionen für elektronische Schaltsysteme wesentlich schwieriger als das für Reihen-Parallel-Schaltungen von Kontakten der Fall ist.

Zwei weitere Besonderheiten elektronischer Schaltsysteme unterstreichen dies noch. Bei elektronischen Schaltsystemen ist es möglich, das Ausgangssignal einer Teilschaltung je nach Belastbarkeit der Elementarglieder mehreren anderen Elementargliedern als Eingangssignal zuzuleiten. Das Entsprechende ist bei Reihen-Parallel-Schaltungen von Relaiskontakten nur für die Eingangssignale möglich, die je nach Anzahl der Kontaktsätze eines Relais an diesen mehrfach direkt oder negiert zur Verfügung stehen. Diese Besonderheit elektronischer Schaltsysteme hat zur Folge, daß bei deren Optimierung in möglichst zweckmäßiger Weise Teilschaltsysteme gesucht werden müssen, deren Ausgangssignale an mehreren anderen Stellen als Eingangssignale verwendet werden können.

Die zweite Besonderheit elektronischer Schaltsysteme besteht in der beschränkten Belastbarkeit der einzelnen Elementarglieder mit weiteren Elementargliedern. Muß die maximal zulässige Belastbarkeit eines Elementargliedes überschritten werden, so sind *Signalverstärker* zwischenzuschalten, deren Aufgabe darin besteht, den Signalpegel zu regenerieren. Diese Signalverstärker müssen bei der Beurteilung der Optimalität einer Schaltfunktion (insbesondere bei der Aufwandsoptimierung) zusätzlich berücksichtigt werden. Auch dies erschwert die rechnerische Bestimmung der optimalen Schaltfunktion im Falle elektronischer Schaltsysteme erheblich. Es kann hier nicht auf alle (in verschiedenen Bausteinsystemen ohnehin unterschiedlichen) Nebenbedingungen bezüglich der Belastbarkeit der einzelnen Elementarglieder eingegangen werden. Zwei relativ einschneidende Bedingungen, die bei Dioden-Transistor-Bausteinen häufig zu beachten sind, dürfen jedoch nicht übersehen werden:

Ein UND-Glied darf nicht unmittelbar an ein ODER-Glied angeschlossen werden.

Ein UND-Glied darf nicht unmittelbar an ein UND-Glied angeschlossen werden.

Sieht eine Schaltfunktion derartige Anschlußfälle vor, so gibt es folgende mögliche Lösungen:

a) Die Schaltfunktion muß so äquivalent umgeformt werden, daß die genannten Belastungsfälle vermieden werden.

b) Steigt dadurch der Gesamtaufwand zu stark an, so sind die kritischen Belastungsfälle durch Zwischenschaltung von Signalverstärkern zu beheben.

c) Schließlich lassen Sonderlösungen bei der Realisierung des elektronischen UND-Gliedes die genannten Anschlußfälle ohne Zwischenschaltung eines Verstärkers zu. Dieses Vorgehen hat den Nachteil, daß durch Vergrößerung der Zahl der Bauelemente die Störanfälligkeit der Elementarglieder ansteigt.

Im folgenden soll bei der Behebung der kritischen Belastungsfälle je nach Lage der Dinge die Lösung a) oder b) herangezogen werden.

Zusätzliche Signalverstärker lassen sich sehr weitgehend vermeiden, wenn es gelingt, die Schaltfunktion schrittweise aus Teilschaltfunktionen aufzubauen, die *negierte disjunktive Normalformen* sind. In diesem Fall erhält man Schaltsysteme, bei denen die Zusammenschaltung der Elementarglieder stets in der Reihenfolge UND-ODER-NICHT-UND-... zu erfolgen hat. Hierbei kann die verstärkende und entkoppelnde Wirkung der Negatoren in optimaler Weise nutzbar gemacht werden.

Bei der Beurteilung der Aufwandsoptimalität einer Schaltfunktion für elektronische Schaltsysteme erweisen sich die Gesamtzahl der benötigten Dioden und die Gesamtzahl der benötigten Transistoren (Signalverstärker mit je zwei Transistoren mitgerechnet) als geeignete Kennwerte. Will man daraus einen einzigen Gesamtkennwert machen, so ist eine entsprechende Relation (z. B. Preisrelation) zwischen Diode und Transistor zugrunde zu legen.

In diesem Zusammenhang muß speziell darauf hingewiesen werden, daß das Ausklammern aus einer Disjunktion nach den Regeln (30*) bzw. (31*) zwar häufig zu einer Einsparung von Dioden führt, jedoch in Bausteinsystemen, die die Belastung eines ODER-Gliedes mit einem UND-Glied nicht zulassen, wegen der erforderlichen Signalverstärkung den Transistoraufwand erhöht.

Im Abschn. 7. wird Gelegenheit gegeben, alle diese Erwägungen bei der optimalen Synthese elektronischer Schaltsysteme anhand eines Beispiels zu verdeutlichen. Eine systematische Darstellung der optimalen Synthese von speicherfreien Schaltsystemen unter Beachtung auch nur der wichtigsten Nebenbedingungen des entsprechenden Bausteinsystems geht über den Rahmen eines einführenden Bandes hinaus und muß daher einem weiterführenden Band vorbehalten bleiben.

6.3. Optimale disjunktive Normalformen

Es wurde bereits mehrfach erwähnt, daß das Aufsuchen optimaler Schaltfunktionen sich wesentlich vereinfacht, wenn für diese eine einschränkende Normalformenstruktur vorgegeben ist. Der Nachteil eines derartigen Vorgehens ist zwangsläufig der, daß die berechnete optimale Schaltfunktion nur im Rahmen der zugrunde gelegten Normalformen optimal ist. Dennoch zeigt es sich einerseits, daß in sehr vielen Fällen eine auf disjunktive Normalformen eingeschränkte Optimierung bereits ausreicht und andererseits optimale disjunktive Normalformen als Ausgangspunkte weitergehender Optimierungen äußerst zweckmäßig sind. Hinzu kommt, daß mit der kanonischen disjunktiven Normalform in den meisten Fällen bereits eine disjunktive Normalform am Anfang der Synthese zur Verfügung steht.

Wendet man, ausgehend von dieser KDN, fortlaufend die Kürzungsregeln (32*), (33*) und (34*) an, so erhält man schließlich eine disjunktive Normalform, die sich mit Hilfe dieser Kürzungsregeln nicht weiter vereinfachen läßt. Eine so erhaltene disjunktive Normalform muß nicht unbedingt die *optimale* disjunktive Normalform sein. Oft lassen sich die genannten Kürzungsregeln auf sehr vielfältige Weise anwenden. Durch ungeschicktes Vorgehen kann man sich dann leicht weitere Kürzungsmöglichkeiten verbauen.

Im folgenden wird gezeigt, wie man *systematisch* aus der Schaltbelegungstabelle optimale disjunktive Normalformen berechnen kann.

x_4	0	L	0	L	0	L	0	L	0	L	0	L	0	L	0	L
x_3	0	0	L	L	0	0	L	L	0	0	L	L	0	0	L	L
x_2	0	0	0	0	L	L	L	L	0	0	0	0	L	L	L	L
x_1	0	0	0	0	0	0	0	0	L	L	L	L	L	L	L	L
f	L	L	L	0	0	L	0	L	L	L	L	0	L	L	L	0

Tafel 16

Der in Tafel 16 dargestellten Schaltbelegungstabelle entspricht die KDN

$$f(x_1, x_2, x_3, x_4) \equiv \bar{x}_1\bar{x}_2\bar{x}_3\bar{x}_4 \vee \bar{x}_1\bar{x}_2\bar{x}_3x_4 \vee \bar{x}_1\bar{x}_2x_3\bar{x}_4 \vee \bar{x}_1x_2\bar{x}_3x_4$$

$$\vee \bar{x}_1x_2x_3x_4 \vee x_1\bar{x}_2\bar{x}_3\bar{x}_4 \vee x_1\bar{x}_2\bar{x}_3x_4 \vee x_1\bar{x}_2x_3\bar{x}_4$$

$$\vee x_1x_2\bar{x}_3\bar{x}_4 \vee x_1x_2\bar{x}_3x_4 \vee x_1x_2x_3\bar{x}_4 \, .$$

Nun wird systematisch versucht, *jede* vorkommende Elementarkonjunktion mit *möglichst vielen anderen* nach der Kürzungsregel (33*) zu vereinfachen. Man erhält dann zunächst

$$f(x_1, x_2, x_3, x_4) = \bar{x}_1\bar{x}_2\bar{x}_3 \vee \bar{x}_1\bar{x}_2\bar{x}_4 \vee \bar{x}_2\bar{x}_3\bar{x}_4 \vee \bar{x}_1\bar{x}_3x_4 \vee \bar{x}_2\bar{x}_3x_4$$

$$\vee \bar{x}_2x_3\bar{x}_4 \vee \bar{x}_1x_2x_4 \vee x_2\bar{x}_3x_4 \vee x_1\bar{x}_2\bar{x}_3 \vee x_1\bar{x}_2\bar{x}_4$$

$$\vee x_1\bar{x}_3\bar{x}_4 \vee x_1\bar{x}_3x_4 \vee x_1x_3\bar{x}_4 \vee x_1x_2\bar{x}_3 \vee x_1x_2\bar{x}_4 \, .$$

Nun wird erneut versucht, jedes vorkommende Disjunktionsglied mit möglichst vielen anderen nach (33*) systematisch zu kürzen. Es zeigt sich dabei, daß das Disjunktionsglied $\bar{x}_1x_2x_4$ dadurch nicht weiter vereinfacht werden kann. Man erhält

$$f(x_1, x_2, x_3, x_4) = \bar{x}_2\bar{x}_3 \vee \bar{x}_2\bar{x}_4 \vee \bar{x}_2x_3 \vee \bar{x}_2\bar{x}_4 \vee \bar{x}_3x_4 \vee \bar{x}_3x_4$$

$$\vee \bar{x}_1x_2x_4 \vee x_1\bar{x}_3 \vee x_1\bar{x}_4 \vee x_1\bar{x}_4 \, .$$

Faßt man mehrfach vorkommende Disjunktionsglieder nach Regel (20*) zusammen, so ergibt sich

$$f(x_1, x_2, x_3, x_4) = \bar{x}_2\bar{x}_3 \vee \bar{x}_2\bar{x}_4 \vee \bar{x}_3x_4 \vee x_1\bar{x}_3 \vee x_1\bar{x}_4 \vee \bar{x}_1x_2x_4 \, .$$

Jedes so erhaltene Disjunktionsglied besitzt die folgenden beiden wichtigen Eigenschaften:

a) Bei jeder Belegung der Signalvariablen $x_1, \ldots, x_4$ mit den Signalwerten O bzw. L, bei der dieses Disjunktionsglied den Wert L annimmt, nimmt auch die gesamte Schaltfunktion den Wert L an. Man sagt daher kurz: Dieses Disjunktionsglied *impliziert* die Schaltfunktion f.

b) Es gibt keine echte Teilschaltfunktion dieses Disjunktionsgliedes, die ebenfalls bereits die Schaltfunktion impliziert.

Glieder einer disjunktiven Normalform, die diese beiden Eigenschaften besitzen, werden als *Primimplikanten* bezeichnet.

Durch das oben beschriebene systematische Vorgehen bei der Kürzung kanonischer disjunktiver Normalformen erhält man stets *alle* Primimplikanten dieser KDN[1]). Weiter zeigt es sich, daß eine disjunktive Normalform nur dann optimal sein kann, wenn jedes vorkommende Disjunktionsglied ein Primimplikant ist. Das besagt natürlich nicht, daß *alle* Primimplikanten in einer optimalen disjunktiven Normalform auftreten müssen. Wie läßt sich nun feststellen, welche Primimplikanten jeweils benötigt werden?

In Tafel II des beigefügten Faltblattes sind die 11 Elementarkonjunktionen des betrachteten Beispiels den 6 ermittelten Primimplikanten gegenübergestellt. Kreuzt man in jeder Spalte diejenigen Elementarkonjunktionen an, die nach der Regel $f_1 f_2 \vee f_1 = f_1$ gegen den zuständigen Primimplikanten dieser Spalte weggelassen werden können, so stellt man folgendes fest:

a) Jede Elementarkonjunktion enthält mindestens einen der Primimplikanten, kann also nach der angegebenen Regel gegen mindestens einen Primimplikanten weggelassen werden.

b) Die Elementarkonjunktionen Nr. 3, 5 und 11 enthalten jeweils nur einen Primimplikanten (eingekreiste Kreuze). Diese Primimplikanten ($\bar{x}_2 \bar{x}_4$, $x_1 \bar{x}_4$, $\bar{x}_1 x_2 x_4$) dürfen also in *keiner* der KDN äquivalenten disjunktiven Normalform fehlen. Sie heißen die *unbedingt notwendigen Primimplikanten*.

c) Wenn man zu den unbedingt notwendigen Primimplikanten Nr. 1, 3 und 6 entweder die Primimplikanten Nr. 2 und 5 oder auch nur den Primimplikanten Nr. 4 hinzunimmt, so werden dadurch jeweils alle Elementarkonjunktionen der KDN erfaßt.

---

[1]) Diese Feststellung, daß durch systematische Anwendung einer einzigen Kürzungsregel *alle* Primimplikanten ermittelt werden können, gilt allerdings nur dann, wenn von einer KDN ausgegangen wird.

Man erhält nach c) die beiden disjunktiven Normalformen

$$f_1 (x_1, x_2, x_3, x_4) \equiv \bar{x}_2\bar{x}_3 \vee \bar{x}_2\bar{x}_4 \vee x_1\bar{x}_3 \vee x_1\bar{x}_4 \vee \bar{x}_1x_2x_4 \text{ und}$$

$$f_2 (x_1, x_2, x_3, x_4) \equiv \bar{x}_2\bar{x}_4 \vee \bar{x}_3x_4 \vee x_1\bar{x}_4 \vee \bar{x}_1x_2x_4 .$$

Eine genauere Untersuchung zeigt, daß es keine weiteren Teilsysteme von Primimplikanten gibt, deren Disjunktion mit den angegebenen Schaltfunktionen äquivalent ist.

Das soeben beschriebene Verfahren zur Bestimmung optimaler disjunktiver Normalformen wurde von *Quine* und *McCluskey* weitgehend schematisiert. Die daraus resultierende Tabellenmethode ist auf dem beiliegenden Faltblatt beschrieben.

7. Beispiele für die optimale Synthese elektromechanischer und elektronischer Schaltsysteme

7.1. Das Beispiel des Abschnitts 6.3.

Im Abschn. 6.3. wurden, ausgehend von der in Tafel 16 dargestellten Wertetabelle die beiden optimalen disjunktiven Normalformen

$$f_1 (x_1, x_2, x_3, x_4) \equiv \bar{x}_2\bar{x}_3 \vee \bar{x}_2\bar{x}_4 \vee x_1\bar{x}_3 \vee x_1\bar{x}_4 \vee \bar{x}_1x_2x_4 \text{ und}$$

$$f_2 (x_1, x_2, x_3, x_4) \equiv \bar{x}_2\bar{x}_4 \vee \bar{x}_3x_4 \vee x_1\bar{x}_4 \vee \bar{x}_1x_2x_4$$

ermittelt. Auf den ersten Blick erscheint es zweckmäßig, bei der Suche nach der optimalen Schaltfunktion von der zuletzt angegebenen Normalform auszugehen. Diese könnte im Hinblick auf die elektromechanische Realisierung durch Ausklammern in die Form

$$f_2 (x_1, x_2, x_3, x_4) = \bar{x}_4 (\bar{x}_2 \vee x_1) \vee x_4 (\bar{x}_3 \vee \bar{x}_1x_2)$$

gebracht werden. Diese Schaltfunktion läßt sich, wie Bild 56 zeigt, mit 7 Kontakten realisieren. Für die elektronische Realisierung ist dieses Ausklammern nur sinnvoll, wenn ODER-Glieder direkt mit UND-Gliedern belastet werden können. Die elektronische Realisierung der disjunktiven Normalform f_2 erfordert 13 Dioden und 4 Transistoren. Durch die angegebene Ausklammerung ließe sich eine Diode einsparen. Dieser Tatbestand kommt im Bild 57 zum Ausdruck. Hier und im folgenden sollen die elektronischen Realisierungen von Schaltsystemen durch die verallgemeinerte Symbolik für Schaltsysteme dargestellt werden.

Geht man dagegen von der disjunktiven Normalform f_1 aus, so zeigt es sich überraschenderweise, daß die elektromechanische Realisierung mit gleichem Aufwand und die elektronische Realisierung sogar mit geringerem Aufwand möglich wird, als das auf der Grundlage der zunächst

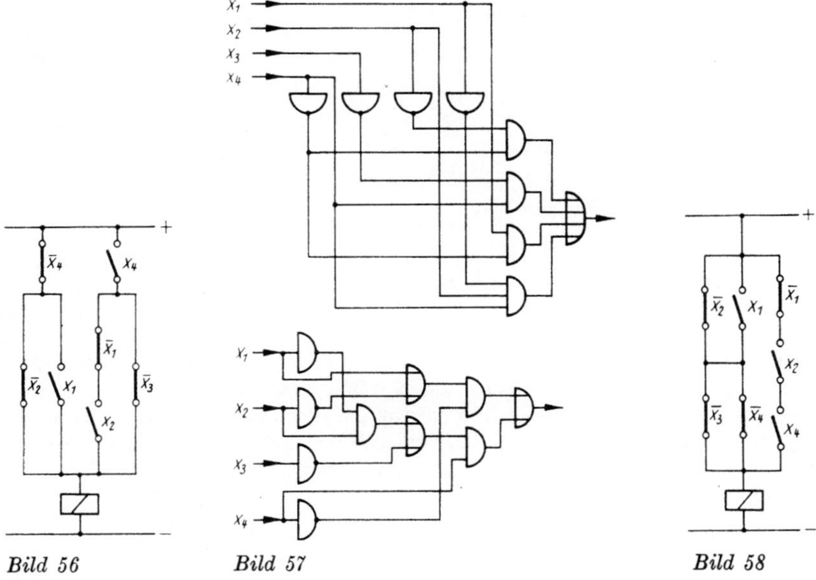

Bild 56   Bild 57   Bild 58

„kürzeren" Normalform f_2 der Fall ist. Für die elektromechanische Realisierung bietet sich die folgende Umformung an:

$$f_1 (x_1, x_2, x_3, x_4) \equiv \bar{x}_2\bar{x}_3 \vee \bar{x}_2\bar{x}_4 \vee x_1\bar{x}_3 \vee x_1\bar{x}_4 \vee \bar{x}_1x_2x_4$$

$$= \bar{x}_2 (\bar{x}_3 \vee \bar{x}_4) \vee x_1 (\bar{x}_3 \vee \bar{x}_4) \vee \bar{x}_1x_2x_4$$

$$= (\bar{x}_2 \vee x_1) (\bar{x}_3 \vee \bar{x}_4) \vee \bar{x}_1x_2x_4 .$$

Diese Schaltfunktion erfordert für die elektromechanische Realisierung 7 Kontakte (Bild 58). Für die elektronische Realisierung enthält sie jedoch den Nachteil, daß die Ausgänge zweier ODER-Glieder an ein UND-Glied

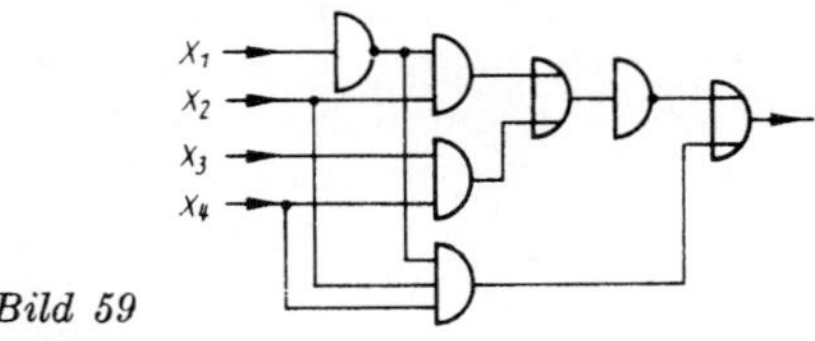

Bild 59

angeschlossen werden müssen. Dies läßt sich durch weitere Umformung leicht beheben. Es gilt

$$f_1 (x_1, x_2, x_3, x_4) = \overline{x_2\bar{x}_1} \; \overline{x_3x_4} \vee \bar{x}_1x_2x_4$$

$$= x_2\bar{x}_1 \vee x_3x_4 \vee \bar{x}_1x_2x_4 .$$

Die hier erhaltene Schaltfunktion ist für die elektronische Realisierung als optimal anzusehen. Wie Bild 59 zeigt, sind 11 Dioden und 2 Transistoren erforderlich.

7.2. Synthese einer Addierschaltung für dual verschlüsselte Zahlen

7.2.1. *Einige Bemerkungen zum Rechnen mit dual verschlüsselten Zahlen* [10]

Die im täglichen Leben übliche Darstellung rationaler Zahlen beruht auf dem *dezimalen* Stellenwertsystem. Danach wird eine rationale Zahl z_{10} durch eine endliche Folge von Ziffern x_i ($-n \leqq i \leqq + m$) dargestellt. Dabei ist der Ziffernfolge $x_m x_{m-1} \cdots x_0 x_{-1} \cdots x_{-n}$ die Zahl

$$z_{10} = \sum_{i=-n}^{+m} x_i\, 10^i$$

zugeordnet. Die Ziffern x_i können dabei die Werte $0, 1, 2, \ldots, 9$ annehmen. Die Zahl 10 heißt *Basis* dieses Stellenwertsystems.

Allgemein kann man rationale Zahlen durch Ziffernfolgen auf der Grundlage eines ganz beliebigen Stellenwertsystems mit ganzzahliger *Basis* $b > 1$ darstellen. Der Ziffernfolge $x_m x_{m-1} \cdots x_0 x_{-1} \cdots x_{-n}$ ($x_i = 0, 1, \ldots, b-1$) ist dann die Zahl

$$z_b = \sum_{i=-n}^{+m} x_i b^i$$

zugeordnet.

Wählt man speziell die Basis $b = 2$, so erhält man das *duale* Stellenwertsystem. Damit erreicht man die Darstellung rationaler Zahlen z_2 durch endliche Folgen der Ziffern 0 bzw. 1. Es gilt

$$z_2 = \sum_{i=-n}^{+m} x_i 2^i \qquad (m \geqq 1,\, n \geqq 0)\,.$$

Der Umstand, daß nur die beiden Ziffern 0 und 1 benötigt werden, ermöglicht es, Recheneinrichtungen als binäre Schaltsysteme aufzubauen. Jede Ziffer läßt sich durch ein binäres Signal darstellen, dem die Zuordnung $0 \triangleq O$, $1 \triangleq L$ zugrunde liegt. Verwendet man zur Darstellung dual verschlüsselter Zahlen von vornherein die Signalwerte O und L, so ergeben sich folgende Beispiele für dual verschlüsselte Zahlen:

$$\text{L O O L L O L L O} \quad = 622 \qquad\qquad (m = 9,\, n = 0)$$

$$\text{L L L O L O, L O L O} \quad = 58{,}625 \qquad (m = 5,\, n = 4)$$

Die Addition dual verschlüsselter Zahlen vollzieht sich in völliger Analogie zur Addition dezimal verschlüsselter Zahlen. Die Ziffernfolgen werden stellenrichtig untereinander geschrieben und einzeln unter Beachtung eventueller Überträge verrechnet. Tafel 17 zeigt die Rechenregeln, die bei der Berechnung von Summe s und Übertrag $\ddot{u}_1$ zu beachten sind ($\ddot{u}_0$ ist der an dieser Stelle zu verarbeitende Übertrag). Man erhält so z. B.

$$
\begin{aligned}
& L\,O\,O\,L\,L\,L\,,\,O\,L\,L = 39{,}375\\
&\underline{+\ O\,L\,L\,O\,L\,L\,,\,L\,O\,O = 27{,}500}\\
& L\,O\,O\,O\,O\,L\,O\,,\,L\,L\,L = 66{,}875\;.
\end{aligned}
$$

Offenbar setzt sich also ein Addierwerk für dual verschlüsselte Zahlen aus lauter gleichartigen Addierwerken (sog. Volladdierern) für jeweils eine Dualstelle zusammen. Die beiden Tabellen aus Tafel 17 sind demzufolge als Schaltbelegungstabellen der beiden Teilschaltsysteme aufzufassen, aus

Tafel 17. Die Berechnung von Summe und Übertrag bei der Addition von Dualzahlen

x	O	L	O	L	O	L	O	L
y	O	O	L	L	O	O	L	L
$\ddot{u}_0$	O	O	O	O	L	L	L	L
s	O	L	L	O	L	O	O	L

x	O	L	O	L	O	L	O	L
y	O	O	L	L	O	O	L	L
$\ddot{u}_0$	O	O	O	O	L	L	L	L
$\ddot{u}_1$	O	O	O	L	O	L	L	L

denen der Volladdierer aufzubauen ist. Für einen Volladdierer soll das im Bild 60a dargestellte Symbol eingeführt werden. Bild 60b zeigt eine daraus

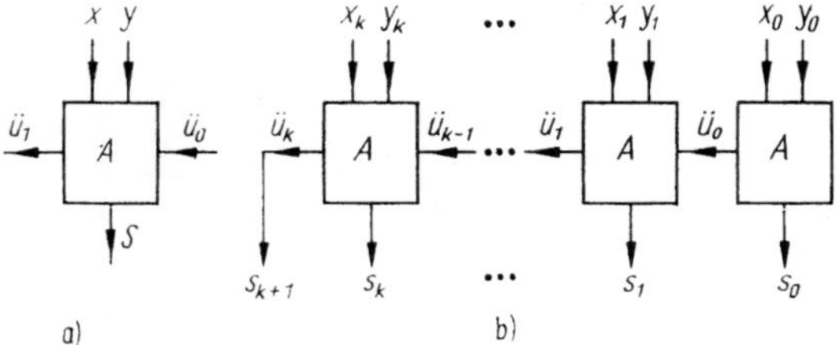

Bild 60 a) b)

a) Volladdierer für eine Dualstelle,
b) duales Addierwerk für n Dualstellen aus n Volladdierern

aufgebaute Additionsschaltung für $(k+1)$-stellige dual verschlüsselte Zahlen. Damit ist der Entwurf einer solchen Addierschaltung auf den Entwurf zweier Schaltsysteme mit den in Tafel 17 dargestellten Schaltbelegungstabellen zurückgeführt.

7.2.2. *Synthese eines Volladdierers nach optimalen disjunktiven Normalformen*

Die Schaltbelegungstabellen (Tafel 17) ergeben für Summe $s\,(x, y, \ddot{u}_0)$ und Übertrag $\ddot{u}_1\,(x, y, \ddot{u}_0)$ folgende kanonische disjunktive Normalformen:

$$s\,(x, y, \ddot{u}_0) \equiv \bar{x}\bar{y}\ddot{u}_0 \vee \bar{x}y\bar{\ddot{u}}_0 \vee x\bar{y}\bar{\ddot{u}}_0 \vee xy\ddot{u}_0\;,$$

$$\ddot{u}_1\,(x, y, \ddot{u}_0) \equiv \bar{x}y\ddot{u}_0 \vee x\bar{y}\ddot{u}_0 \vee xy\bar{\ddot{u}}_0 \vee xy\ddot{u}_0\;.$$

Hierbei sind x und y die zu verarbeitenden Dualziffern; $\ddot{u}_0$ ist der an dieser Stelle zu verarbeitende Übertrag.

Hierzu sind nun gemäß Abschn. 6.3. jeweils alle Primimplikanten zu bestimmen. Im ersten Fall stellt man sofort fest, daß keine der Kürzungsregeln anwendbar ist. Die in der KDN $s\,(x, y, \ddot{u}_0)$ vorkommenden Elementarkonjunktionen stellen also zugleich die Primimplikanten dar. Die KDN ist hier bereits die optimale disjunktive Normalform.

Für $\ddot{u}_1\,(x, y, \ddot{u}_0)$ erhält man durch das im Abschn. 6.3. geschilderte Vorgehen

$$\ddot{u}_1\,(x, y, \ddot{u}_0) = y\,\ddot{u}_0 \vee x\,\ddot{u}_0 \vee x\,y\,.$$

Weiter stellt man sofort fest (Verfahren wie in Klapptafel), daß diese drei Disjunktionsglieder unbedingt nötige Primimplikanten darstellen und daher bereits die optimale disjunktive Normalform gefunden wurde. Bild 61 zeigt die beiden Schaltsysteme, die diesen optimalen disjunktiven

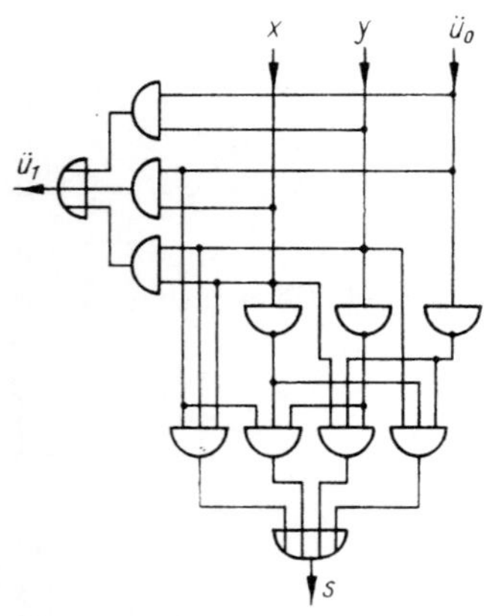

Bild 61. Volladdierer nach optimaler disjunktiver Normalform

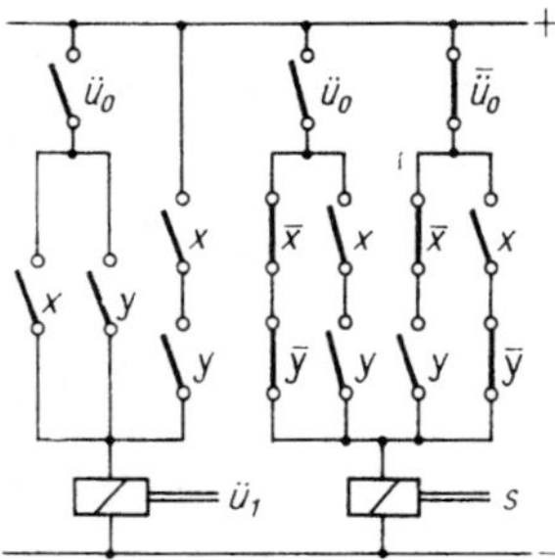

Bild 62. Elektromechanischer Volladdierer

Normalformen entsprechen. Die elektromechanische bzw. elektronische Realisierung dieser Schaltsysteme würde insgesamt 18 Kontakte bzw. 25 Dioden und 3 Transistoren erfordern.

Ausklammern aus diesen Normalformen ist nur im Falle elektromechanischer Schaltsysteme sowie bei solchen Systemen elektronischer Elementarglieder erfolgversprechend, bei denen ODER-Glieder mit UND-Gliedern belastbar sind. Man erhält dann z. B.

$$s\,(x, y, \ddot{u}_0) = \ddot{u}_0\,(\bar{x}\bar{y} \vee xy) \vee \overline{\ddot{u}_0}\,(\bar{x}y \vee x\bar{y})\,,$$

$$\ddot{u}_1\,(x, y, \ddot{u}_0) = \ddot{u}_0\,(x \vee y) \vee xy\,.$$

Bild 62 zeigt die dazugehörige elektromechanische Realisierung des Volladdierers. Sie erfordert 15 Kontakte. Für eine elektronische Realisierung empfiehlt sich von vornherein die Berücksichtigung der im folgenden Abschnitt angegebenen Gesichtspunkte.

7.2.3.   *Zerlegung des Volladdierers in zwei Halbaddierer*

Es wird sich in diesem Abschnitt zeigen, daß es äußerst zweckmäßig sein kann, ein Schaltsystem in gleichartige Teilschaltungen zu zerlegen. Eine Zerlegung des Volladdierers in zwei gleichartige Halbaddierer wird durch die folgende Überlegung nahegelegt:

Es war

$$s\,(x, y, \ddot{u}_0) = \ddot{u}_0\,(\bar{x}\bar{y} \vee xy) \vee \overline{\ddot{u}_0}\,(\bar{x}y \vee x\bar{y})\,.$$

Setzt man zur Abkürzung $s^*\,(x, y) \equiv \bar{x}y \vee x\bar{y}$, so ergibt sich

$$s\,(x, y, \ddot{u}_0) = \ddot{u}_0\,\overline{s^*} \vee \overline{\ddot{u}_0}\,s^*\,.$$

Es stimmt also die Struktur der Schaltfunktion s in Abhängigkeit von s^* und $\ddot{u}_0$ mit der Struktur der Schaltfunktion $s^*\,(x, y)$ überein. $s^*\,(x, y)$ ist offenbar die Summe, die sich ohne Beachtung des Übertragers $\ddot{u}_0$ ergeben würde.

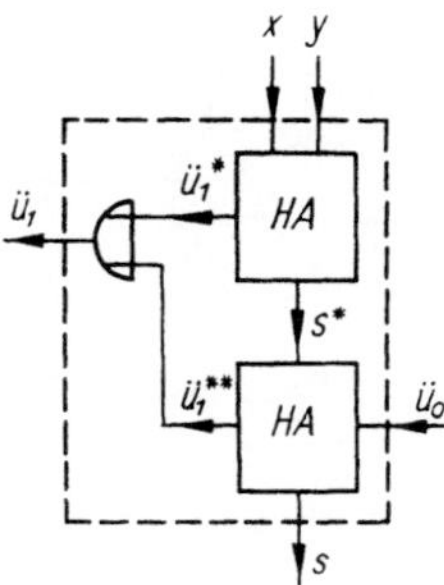

Bild 63. Struktur des Volladdierers aus zwei Halbaddierern

Es erscheint daher zweckmäßig, den Volladdierer aus zwei Halbaddierern (HA) aufzubauen, von denen der erste die beiden Summanden x und y (ohne Berücksichtigung von $\ddot{u}_0$) verrechnet, während der zweite die Zwischensumme s^* und den Übertrag $\ddot{u}_0$ zur endgültigen Summe s verarbeitet (Bild 63). Für die an den beiden Halbaddierern anfallenden Überträge gilt dann

$$\ddot{u}_1^* = xy\,,$$

$$\ddot{u}_1^{**} = s^*\ddot{u}_0\,.$$

Nun ist aber ein Übertrag $\ddot{u}_1$ bereitzustellen, wenn am ersten oder am zweiten Halbaddierer ein Übertrag $\ddot{u}_1^*$ bzw. $\ddot{u}_1^{**}$ anfällt (beides zugleich ist nicht möglich!). Also gilt

$$\ddot{u}_1 = \ddot{u}_1^* \vee \ddot{u}_1^{**} = xy \vee s^*\ddot{u}_0\,.$$

Zum Aufbau des Volladdierers sind also für $s^*\,(x, y)$ und $s\,(s^*, \ddot{u}_0)$ zwei gleichartige Schaltsysteme mit den Schaltgleichungen

$$s^*\,(x, y) \quad = x\bar{y} \vee \bar{x}y \qquad \text{bzw.}$$

$$s\,(s^*, \ddot{u}_0) = s^*\ddot{u}_0 \vee \overline{s^*\ddot{u}_0}$$

sowie zusätzlich ein Schaltsystem mit der Schaltfunktion

$$\ddot{u}_1\,(x,\,y,\,\ddot{u}_0) \,=\, xy \,\vee\, s^*\ddot{u}_0$$

erforderlich.

Bild 64 zeigt einen Volladdierer, der in dieser Weise in zwei Halbaddierer zerlegt wurde.

Die Zerlegung eines Schaltsystems in Teilschaltsysteme wirkt sich im elektromechanischen und im elektronischen Fall verschiedenartig aus.

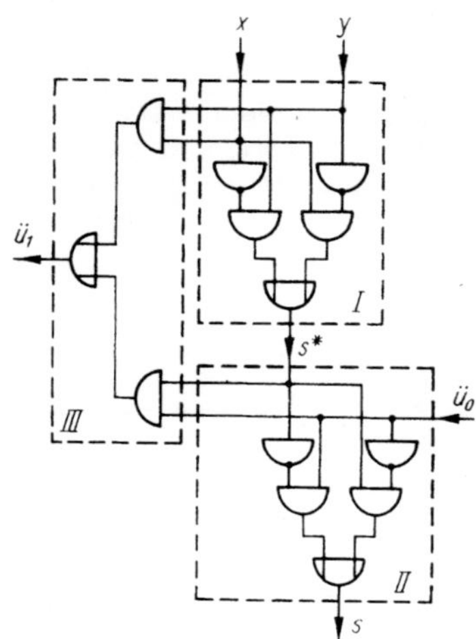

Bild 64. Aufbau des Volladdierers aus zwei Halbaddierern

Bild 65. Elektromechanische Realisierung des Volladdierers aus Bild 64

Bild 65 zeigt die elektromechanische Realisierung des im Bild 64 dargestellten Schaltsystems. Es handelt sich hier genaugenommen nicht mehr um eine einzige, sondern um drei Reihen-Parallel-Schaltungen von Relaiskontakten (*I*, *II* und *III* im Bild 64). Die Schaltsysteme *II* und *III* hängen offenbar durch das Zwischensignal s^* vom Schaltsystem *I* ab. Mit seinen 12 Kontakten ist dieser elektromechanische Volladdierer dem im Bild 62 dargestellten (15 Kontakte) vorzuziehen. Es ist jedoch zu bedenken, daß im Bild 65 wegen des Zwischensignals s^* eine zusätzliche Relaisspule benötigt wird.

Diese zusätzliche Relaisspule kann eingespart werden, wenn es gelingt, als Zwischensignal ein ohnehin benötigtes Ausgangssignal des Schaltsystems zu verwenden. Durch weitere Umformung der bereits gefundenen Schaltfunktionen

$$s^* = x\bar{y} \,\vee\, \bar{x}y\,.$$

$$s \;= s^*\bar{\ddot{u}}_0 \,\vee\, s^*\,\ddot{u}_0\,,$$

$$\ddot{u}_1 = xy \,\vee\, s^*\ddot{u}_0$$

74

erhält man:

$$\ddot{u}_1 = xy \vee (x\bar{y} \vee \bar{x}y)\,\ddot{u}_0$$

$$= xy \vee x\bar{y}\ddot{u}_0 \vee \bar{x}y\ddot{u}_0$$

$$= x\,(y \vee \bar{y}\ddot{u}_0) \vee \bar{x}y\ddot{u}_0$$

$$= x\,(y \vee \ddot{u}_0) \vee \bar{x}y\ddot{u}_0 \qquad (3.\ \text{Kürzungsregel!})$$

$$= xy \vee x\ddot{u}_0 \vee \bar{x}y\ddot{u}_0$$

$$= xy \vee \ddot{u}_0\,(x \vee \bar{x}y)$$

$$= xy \vee \ddot{u}_0\,(x \vee y) \qquad (3.\ \text{Kürzungsregel!})$$

$$s = (x\bar{y} \vee \bar{x}y)\,\ddot{u}_0 \vee (xy \vee \bar{x}\bar{y})\ddot{u}_0$$

$$= x\bar{y}\ddot{u}_0 \vee \bar{x}y\ddot{u}_0 \vee xy\ddot{u}_0 \vee \bar{x}\bar{y}\ddot{u}_0$$

$$= (\bar{x}\ddot{u}_0 \vee \bar{y}\ddot{u}_0 \vee \bar{x}\bar{y})\,(x \vee y \vee \ddot{u}_0) \vee xy\ddot{u}_0$$

$$= \bar{\ddot{u}}_1\,(x \vee y \vee \ddot{u}_0) \vee xy\ddot{u}_0$$

Bild 66 zeigt die elektromechanische Realisierung des nach diesen Schaltfunktionen aufgebauten Volladdierers. Es enthält wie Bild 65 12 Kontakte, jedoch eine Relaisspule weniger ($\ddot{u}_1$ ist zugleich Ausgangssignal und Zwischensignal!).

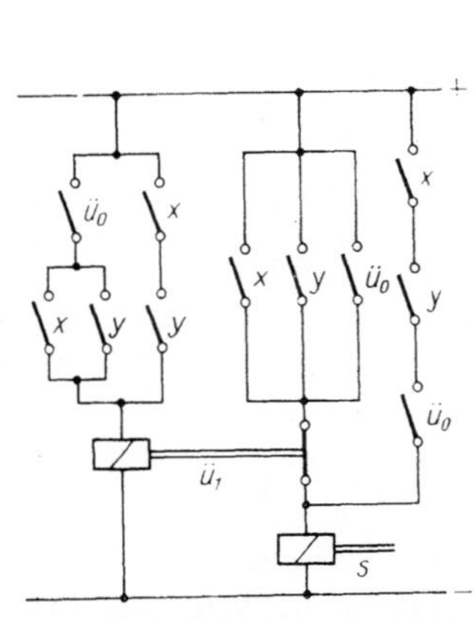

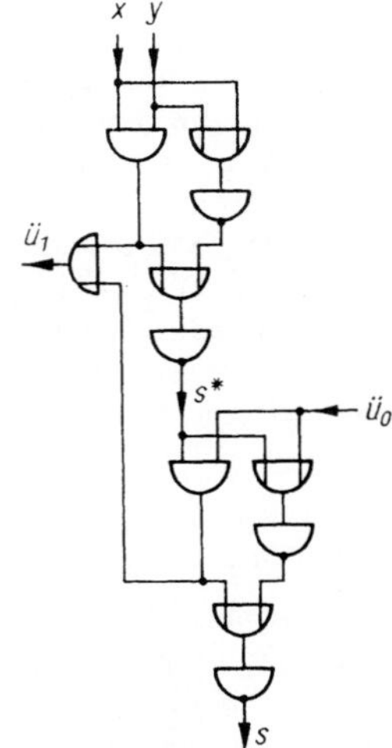

Bild 66. Vereinfachte elektromechanische Realisierung des Volladdierers

Bild 67. Speziell für die elektronische Realisierung geeigneter Volladdierer aus zwei Halbaddierern

Für die elektronische Realisierung empfiehlt es sich, die Schaltfunktionen s^* bzw. s umzuformen. Man erhält

$$s^* = x\bar{y} \vee \bar{x}y = (x \vee y)(\bar{x} \vee \bar{y}),$$

$$s^* = \overline{\overline{x \vee y} \vee xy} \qquad \text{bzw.}$$

$$s = \overline{\overline{s^* \vee \ddot{u}_0} \vee s^* \ddot{u}_0}.$$

Dies hat den Vorteil, daß die bei der Bildung von $\ddot{u}_1$ benötigten Disjunktionsglieder (xy und $s^*\ddot{u}_0$) bereits in den Schaltfunktionen s^* bzw. s auftreten. Den in diesem Sinne speziell für die elektronische Realisierung geeigneten Volladdierer zeigt Bild 67. Es sind 14 Dioden und 4 Transistoren zu seiner Realisierung erforderlich.

8. Ausblick

Es liegt in der Natur einer an den vorliegenden Umfang gebundenen Einführung in die Schaltalgebra, daß eine Beschränkung im Umfang des gebotenen Stoffes vorgenommen werden mußte. Es darf daher dem Leser nicht der Eindruck vermittelt werden, daß der vorliegende Band das Gesamtgebiet der Schaltalgebra bereits überdeckt. Dieser Ausblick soll deshalb auf einige Problemstellungen der Schaltalgebra hinweisen, die über den hier gesteckten Rahmen hinausgehen.
Im Mittelpunkt dieser Einführung stand der Begriff der *Schaltfunktion*. Die Schaltfunktionen wurden zur eindeutigen Kennzeichnung des inneren Aufbaus der Schaltsysteme als Netzwerke aus vorgegebenen Sortimenten binärer Elementarglieder eingeführt. Eine sinnvolle Festlegung der *Äquivalenz* von Schaltfunktionen und die daraus resultierende Möglichkeit der äquivalenten Umformung mit Hilfe der Rechenregeln der Schaltalgebra ermöglicht die rechnerische Optimierung von Schaltsystemen. Schaltfunktionen können zunächst nur den strukturellen Aufbau *speicherfreier* Schaltsysteme befriedigend beschreiben. Daher mußte der Rahmen dieser Einführung zwangsläufig auf den speicherfreien Fall beschränkt werden. Jedoch konnten auch hier insbesondere die eigentlichen Probleme der optimalen Synthese nur angedeutet werden. Noch weiterführende Probleme, wie z. B. die optimale Synthese *vermaschter* Relaiskontaktschaltungen, mußten ganz offen bleiben. Im folgenden sind die wichtigsten Fragestellungen genannt, die im Rahmen der Analyse und Synthese speicherfreier Schaltsysteme einer weiterführenden Darstellung bedürfen.

a) Berechnung optimaler Schaltsysteme unter Beachtung von Nebenbedingungen

Die Optimalität einer Schaltfunktion hängt bekanntlich einerseits davon ab, welche Gewichtung den Forderungen nach minimalem Aufwand, maximaler Betriebssicherheit, gleichmäßiger Belastung der Elementarglieder, minimaler Anzahl von Übertragungsleitungen zwischen Teilschaltungen usw. beigemessen wird. Andererseits bestimmen die technischen Nebenbedingungen der binären Elementarglieder, aus denen das Schaltsystem

zu realisieren ist, die Optimalität einer Schaltfunktion entscheidend. Es
ist daher erforderlich, diese Nebenbedingungen möglichst rechnerisch in
die Schaltungsoptimierung einbeziehen zu können.

*b) Systematische Beurteilung der Zweckmäßigkeit, Schaltsysteme in Teil-
schaltsysteme zu zerlegen*

Das Beispiel des Volladdierers im Abschn. 7.2. hat gezeigt, daß derartige
Zerlegungen entscheidende Vorteile mit sich bringen können. Wesentlich
ist es in diesem Zusammenhang, die Zweckmäßigkeit solcher Zerlegungen
unabhängig von subjektiver Intuition systematisch erkennen zu können.
Ansätze hierzu sind in der schaltalgebraischen Literatur zu erkennen.

*c) Schaltfunktionen, die auf der NOR- bzw. der NAND-Verknüpfung be-
ruhen*

Die in diesem Band eingeführten Schaltfunktionen sind solchen Systemen
binärer Elementarglieder besonders gut angepaßt, denen als Grund-
verknüpfungen Negation, Konjunktion und Disjunktion zugrunde liegen.
Es gibt jedoch auch Systeme mit andersartigen Grundverknüpfungen.
Dazu gehören die NOR-Verknüpfung (verneinte ODER-Verknüpfung)
und die NAND-Verknüpfung (verneinte UND-Verknüpfung). Die äqui-
valente Umformung und insbesondere die Optimierung darauf basierender
Schaltfunktionen bedürfen einer gesonderten Behandlung.
Es ist beabsichtigt, die genannten Problemstellungen in einem Band der
REIHE AUTOMATISIERUNGSTECHNIK darzustellen.
Eine weitere Fragestellung, die im Rahmen dieser Einführung offenblei-
ben mußte, betrifft die Analyse und Synthese von Schaltsystemen mit
Speicherwirkung (sog. *sequentielle* Schaltsysteme oder Folgeschaltsysteme).
Sequentielle Schaltsysteme können im elektromagnetischen Fall dadurch
realisiert werden, daß in den Schaltnetzwerken Kontakte und zugehörige
Relaisspulen auftreten. Im elektronischen Fall treten Teilschaltsysteme
mit Rückführungen (insbesondere die sog. Flip-Flops) als bistabile Elementarglieder auf. Den Methoden der Analyse und Synthese sequentieller
Schaltsysteme soll ebenfalls ein gesonderter Band dieser Reihe gewidmet
werden.

Literaturverzeichnis

[1] *Asser, G.:* Einführung in die mathematische Logik, Teil I. Leipzig: B. G. Teubner Verlagsgesellschaft 1959.

[2] *Gottschalk, H.:* Bauelemente der elektrischen Steuerungstechnik, 2. Auflage. REIHE AUTOMATISIERUNGSTECHNIK, Band 2, VEB Verlag Technik 1963.

[3] *ten Brink, J.,* und *Kauffold, H.:* Entwurf und Ausführung von Steueranlagen. REIHE AUTOMATISIERUNGSTECHNIK, Band 9, VEB Verlag Technik 1963.

[4] *Pilz, S.:* Über Berechnungsmethoden von Schaltsystemen. Zeitschrift für messen, steuern, regeln, 4. Jahrgang, Heft 5 (1961) S. 185—191; Heft 6 (1961) S. 251—256 und Heft 12 (1961) S. 481—491.

[5] *Zemanek, H.:* Schaltalgebra. Nachrichtentechnische Fachberichte, 3. Jahrgang, (1956) S. 93—113.

[6] *Wahl, H.:* Die Technik elektrischer Steuerschaltungen. Wuppertal: Sonderdruck Metzgenhauer & Jung GmbH.

[7] *Kretzer, K.:* (Herausgeber) Handbuch für Hochfrequenz- und Elektro-Techniker, Band IV, S. 685 ff. Berlin-Borsigwalde: Verlag für Radio-Foto-Kino-Technik GmbH.

[8] — Die Technik der elektrischen Antriebe (VEM-Handbuch); S. 352—371. Berlin: VEB Verlag Technik, 1963.

[9] *Töpfer, H.,* u. a.: Universelles Baukastensystem für pneumatische Steuerungen. Zeitschrift für messen, steuern, regeln. 7 (1964) H. 2, S. 72—77.

[10] *Schubert, G.:* Digitale Kleinrechner. REIHE AUTOMATISIERUNGS-TECHNIK, Band 5. VEB Verlag Technik 1962.

Additional material from *Einführung in die Schaltalgebra,*
ISBN 978-3-322-97905-6, is available at http://extras.springer.com